数码暗房

老邮差

Photoshop
数码照片
处理技法

通道篇

（修订版）

汪端 编著

人民邮电出版社

北 京

图书在版编目（ＣＩＰ）数据

老邮差Photoshop数码照片处理技法. 通道篇 / 汪端
编著. -- 2版（修订本）. -- 北京 : 人民邮电出版社,
2018.7
ISBN 978-7-115-48616-5

Ⅰ. ①老… Ⅱ. ①汪… Ⅲ. ①图象处理软件 Ⅳ.
①TP391.413

中国版本图书馆CIP数据核字(2018)第123730号

内 容 提 要

本书为您揭开了通道技术的面纱，将复杂的问题简单化，告诉您通道就是保存与改变颜色，制作与使用选区这两大功用。本书用 31 个实例详细讲述了通道的实质、功用、做法和处理照片的艺术效果。看得懂、学得会、记得住、用得上，是"老邮差"系列图书的一贯风格特色。同时，本书附带学习资源（扫描封底"资源下载"二维码即可获得下载方法，如需资源下载技术支持，请致函 szys@ptpress.com.cn），包括书中案例用到的素材和最终效果文件，以及老邮差亲自录制的 4 个案例讲解视频和 1 个"构成大于构图"知识讲解视频。

本书适合有一定 Photoshop 基础的读者学习。

♦ 编 著 汪 端
　　责任编辑 张丹丹
　　责任印制 陈 犇

♦ 人民邮电出版社出版发行　　北京市丰台区成寿寺路 11 号
　　邮编　100164　　电子邮件 315@ptpress.com.cn
　　网址　http://www.ptpress.com.cn
　　北京富诚彩色印刷有限公司印刷

♦ 开本：889×1194　1/20
　　印张：13　　　　　　　　2018 年 7 月第 2 版
　　字数：512 千字　　　　　2018 年 7 月北京第 1 次印刷

定价：89.00 元
读者服务热线：(010)81055410　印装质量热线：(010)81055316
反盗版热线：(010)81055315
广告经营许可证：京东工商广登字 20170147 号

解开通道这个结

在所有开始学习使用Photoshop的朋友心里，通道都是一个结，一个令我们纠结的结。避之不开，触之畏难。

于是我专门写了这本书，帮助所有使用Photoshop的朋友解开通道这个结。通道有两大功用，一个是保存与改变颜色，一个是制作与使用选区。记住这两点，就抓住了通道的最本质、最核心、最关键的东西。

我们看到的数码照片五颜六色，所有这些颜色都保存在通道中。调整图像的颜色，Photoshop中有很多命令，而最终都是在改变颜色通道中的明暗影调关系。明白了这一点，以后再调照片的颜色，就心中有数，遇色不慌了。

我们处理数码照片需要五花八门的选区，所有这些选区都可以在通道中制作和使用。Photoshop中有很多工具可以用来建立选区，但是最精细准确的选区一定是在通道中做出来的。而且，把好不容易做出来的选区保存在哪儿？就是保存在通道里。

知道了通道的这两个功用，再来学习通道技术就能目的明确，并大大增加学习的针对性和主动性。

通道技术，看似神秘，其实并没有那么难。本书把通道技术分成5章，分别讲通道是什么，通道与颜色，通道与选区，不同色彩模式通道的作用，用通道制作精美照片。全书共31个实例，都是从摄影人的视角出发，用摄影人常见的实例，循序渐进，一点一点讲述通道的基本原理、两大功用、三种形式，并用一批典型实例介绍用通道技术制作摄影艺术作品的思路和方法。

"老邮差"系列共有9本书，分别为入门篇、风光篇、蒙版篇、调整层篇、图层篇、RAW篇、色彩篇、人像篇、通道篇。每一篇集中讲一个知识技术主题，各篇之间又有一定的交叉。您可以根据自己的实际需要，结合自己在处理数码照片中遇到的具体问题，选读相关的内容。总有朋友问这些书学习的顺序是什么？我想，除了入门篇应该在先，调整层篇应该在蒙版篇之后，其他都没有严格的顺序可言。在处理数码照片的过程中，会遇到各种各样的问题，您只要翻阅这个系列的相关篇，都会找到解决问题的办法。"老邮差"系列图书的一贯风格是，让大家看得懂、学得会、记得住、用得上。

本书"学习资源"中提供了全部实例练习的素材照片，供读者学习时做练习用。这些素材照片只能用于本书练习，不得用于其他地方。"学习资源"中还提供了一批视频教程文件，是本书部分实例的操作实录，对于读者学习本书非常有帮助。学习资源文件可以通过扫描"资源下载"二维码根据提示获得。如需资源下载技术支持，请致函szys@ptpress.com.cn。读者在阅读和学习的过程中，有什么问题可以发信来一起探讨。我的邮箱：wangduan@sina.com。

资源下载

在线视频

2014年甲午仲夏

目录

第1章　通道究竟是什么

01 先看懂RGB色彩通道　　　　　　　　　7
02 通道就是这么回事　　　　　　　　　　15
03 通道的基本形式与操作　　　　　　　　23
04 通道的第一大功用——保存与改变颜色　33
05 通道的第二大功用——制作与使用选区　41
06 不同色彩模式通道的差异　　　　　　　49

第2章　通道与颜色

07 通道明暗与颜色的多少　　　　　　　　57
08 改变通道就是改变颜色　　　　　　　　63
09 在通道中调整颜色更精细　　　　　　　69
10 通道跳颜色就跳　　　　　　　　　　　79
11 中性灰原理与校正偏色操作　　　　　　87
12 用中性灰校正偏色　　　　　　　　　　95

第3章　通道与选区

13 认识Alpha通道　　　　　　　　　　103
14 在通道中存储选区　　　　　　　　　111
15 在通道中调取选区　　　　　　　　　121
16 在通道中建立最精细的选区　　　　　131
17 亮度蒙版就是半透明　　　　　　　　139
18 亮度蒙版最细腻　　　　　　　　　　145
19 用亮度蒙版替换天空　　　　　　　　153
20 通道加减获取影调选区　　　　　　　163

第4章　不同色彩模式通道的作用

21 Lab模式对色彩的控制更细腻　　　　173
22 Lab模式明度通道的控制　　　　　　181
23 红外摄影转换色彩的Lab法　　　　　189
24 灰度通道对图像的控制　　　　　　　197

第5章　用通道制作精美照片

25 船老大的沧桑　　　　　　　　　　　205
26 云在山那边　　　　　　　　　　　　211
27 青春写在脸上——通道磨皮　　　　　219
28 与兵马俑面对面　　　　　　　　　　227
29 大眼睛的小妹妹　　　　　　　　　　235
30 日暮迟迟花满天　　　　　　　　　　243
31 通道制作立体字　　　　　　　　　　253

先看懂RGB色彩通道 01

要想学习通道，就先来认识通道。首先，我们从数码照片最基本的RGB色彩模式开始，来看看通道里面有什么，看懂了RGB色彩通道，我们就能打消对通道的神秘感，就能知道通道究竟是什么。其实，这些并不难，通过这个实例就明白了。

准备图像

打开随书赠送"学习资源"中的01.jpg文件。

实际上，随便一张彩色数码照片都可以做这个练习。这里提供的图像，只是为了在通道里能看得更清晰一些。

建立4个彩色条

按F7键打开图层面板，在图层面板最下面单击创建新图层图标，建立一个新的图层1。

在工具箱中选择矩形选框工具，上面选项栏中的各项设置参数保持默认。用选框工具在图像中按住鼠标拉动，建立一个选区，选区的大小、位置都无所谓。

在工具箱中单击前景色图标，打开颜色拾取器，然后设置RGB颜色参数为R255、G0、B0，这是RGB的纯红色，最后单击"确定"按钮关闭拾色器。

按Alt+Delete组合键在选区内填充前景色为RGB的纯红色。

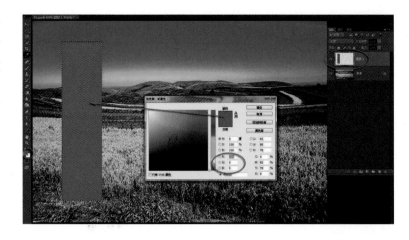

蚂蚁线还在。将鼠标放在蚂蚁线内，按住鼠标移动选区到旁边的位置。

再次在工具箱中单击前景色图标，打开颜色拾取器，然后设置RGB颜色参数为R0、G255、B0，这是RGB的纯绿色，最后单击"确定"按钮关闭拾色器。

按Alt+Delete组合键在第二个选区内填充前景色为RGB的纯绿色。

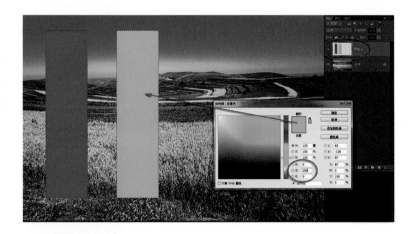

蚂蚁线还在。将鼠标放在蚂蚁线内，按住鼠标移动选区到旁边的位置。

再次在工具箱中单击前景色图标，打开颜色拾取器，然后设置RGB颜色参数为R0、G0、B255，这是RGB的纯蓝色，最后单击"确定"按钮关闭拾色器。

按Alt+Delete组合键在第三个选区内填充前景色为RGB的纯蓝色。

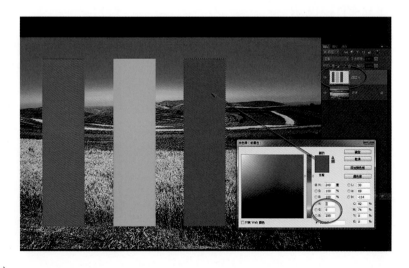

蚂蚁线还在。将鼠标放在蚂蚁线内，按住鼠标移动选区到旁边的位置。

再次在工具箱中单击前景色图标，打开颜色拾取器，然后设置RGB颜色参数为R255、G255、B0，这是RGB的纯黄色，最后单击"确定"按钮关闭拾色器。

按Alt+Delete组合键在第四个选区内填充前景色为RGB的纯黄色。

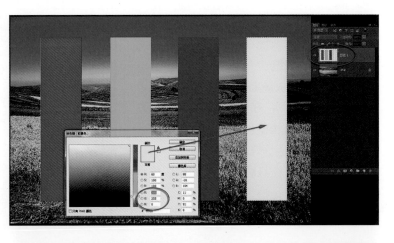

观察通道

现在我们在图像的新图层中建立了RGB的红、绿、蓝、黄四个颜色条，其中红、绿、蓝是RGB的单色，黄色是RGB的红+绿合成的。

选择"窗口\通道"命令打开通道面板，可以看到在通道面板中，最上面是红、绿、蓝三个颜色通道合成后的彩色效果，我们称之为复合通道；下面依次是红、绿、蓝三个单色通道，这些单色通道是用灰度关系来表示的。

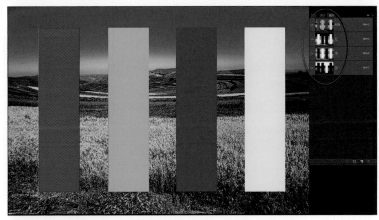

观察通道，我们必须懂得最基本的RGB颜色关系。

我们的数码照片所采用的是RGB色彩模式，所有的颜色都是由R（红）、G（绿）、B（蓝）组合而成的。一定要记住这个RGB关系图，记住：

R255为红

G255为绿

B255为蓝

RGB三个值都是0为黑

红+绿=黄

红+蓝=品

蓝+绿=青

红+绿+蓝=白

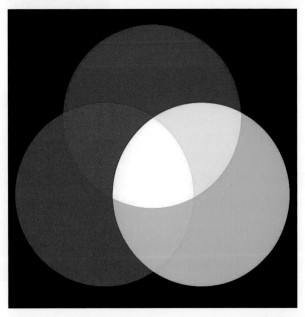

在通道面板中单击红色通道，进入红色通道，看到的灰度图像是当前图像中所有的红色分布状况。

对照通道面板最上面的复合通道的彩色缩览图，可以看到：在红色通道中，红色彩条为白色，绿色和蓝色彩条为黑色，黄色彩条中有红色，因而在这里也是白色。

也就是说，在红色通道中，图像中哪里有红色哪里就是白色的，哪里没有红色哪里就是黑色的。

在通道面板中单击绿色通道，进入绿色通道，看到的灰度图像是当前图像中所有的绿色分布状况。

对照通道面板最上面的复合通道的彩色缩览图，可以看到：在绿色通道中，绿色彩条为白色，红色和蓝色彩条为黑色，黄色彩条中有绿色，因而在这里也是白色。

也就是说，在绿色通道中，图像中哪里有绿色哪里就是白色的，哪里没有绿色哪里就是黑色的。

在通道面板中单击蓝色通道，进入蓝色通道，看到的灰度图像是当前图像中所有的蓝色分布状况。

对照通道面板最上面的复合通道的彩色缩览图，可以看到：在蓝色通道中，蓝色彩条为白色，绿色和红色彩条为黑色，黄色彩条中没有蓝色，因而在这里也是黑色。

也就是说，在蓝色通道中，图像中哪里有蓝色哪里就是白色的，哪里没有蓝色哪里就是黑色的。

在通道面板上单击最上面的复合通道，可以看到彩色图像。这是红、绿、蓝三个通道组合出来的完整的彩色效果。

注意：我们说单击复合通道一定要用鼠标单击复合通道的名称处，而不能单击通道最左边的眼睛图标。

回到图层面板，在图层面板中单击彩条图层1前面的眼睛图标，将彩条图层1关闭。

此时可看到图像中的彩条被关闭看不见了，图像效果恢复初始状态了。

再次打开通道面板，单击红色通道，进入红色通道，看到的是灰度图像。

现在思考，在当前的红色通道中，为什么地面很亮？因为麦田的黄色中有很多红色。天空的云彩也是灰白色，因为不是纯白色的云中有一部分红色。而蓝天是黑色，因为这里没有红色。

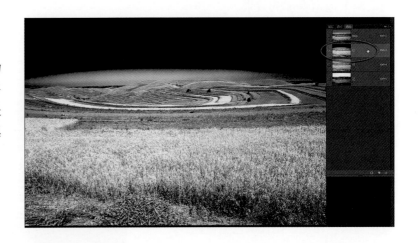

再次在通道面板中单击绿色通道，进入绿色通道，看到的是灰度图像。

认真想一想，在当前的绿色通道中，为什么地面和天空都发灰？因为麦田的黄色中有一部分绿色。天空纯白色的云中有一部分绿色。而蓝天不是纯蓝色，这里有少量的绿色。

再次在通道面板中单击蓝色通道，进入蓝色通道，看到的是灰度图像。

想一想，在当前的蓝色通道中，为什么天空都很亮？因为天空的蓝天和白云中都有很多蓝色。而地面的麦田中没有蓝色，因此是较暗的黑色了。

现在我们就明白了：在RGB图像中，红、绿、蓝通道以灰度的方式记录了颜色的分布。任意一个通道中，哪儿有颜色，哪儿就是白色，就发亮；哪儿没有颜色，哪儿就是黑色，就偏暗。

观察两个通道叠加的效果

前面我们观察了单色通道，理解了其中的道理。接下来，我们再来观察两个通道叠加的效果。

在通道面板上先单击最上面的复合通道，可以看到所有通道都打开了，图像颜色也恢复正常了。

在红色通道最前面单击眼睛图标，将红色通道关闭。

可以看到，图像中没有了红色，那么蓝色与绿色相加，图像颜色偏青色。

在红色通道最前面单击眼睛图标，将红色通道打开。

在绿色通道最前面单击眼睛图标，将绿色通道关闭。

可以看到，图像中没有了绿色，那么红色与蓝色相加，图像颜色偏品色。

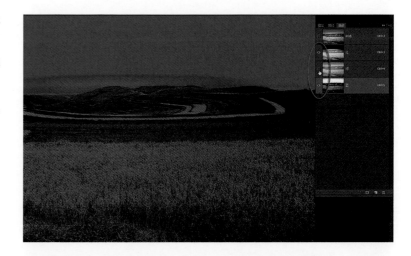

在绿色通道最前面单击眼睛图标，将绿色通道重新打开。

在蓝色通道最前面单击眼睛图标，将蓝色通道关闭。

可以看到，图像中没有了蓝色，那么红色与绿色相加，图像颜色偏黄色。

由此进一步说明，某一个通道中就是某一种颜色，RGB通道就是红、绿、蓝三色分别存放的地方。

要点与提示

通过这个实例，我们知道了RGB图像中有一个复合通道、三个单色通道。每个单色通道中存放着一种颜色。

每一个单色通道用灰度图像来表示这种颜色的分布状况，颜色越多的地方，图像越白越亮；颜色越少的地方，图像越黑越暗。

通道是用来存放颜色的。这是我们得到的第一个关于通道的认识。

通道就是这么回事 02

看懂了前一个实例讲解的RGB通道，知道了不同颜色的通道记录了某种颜色的分布状况之后，现在让我们在这个实例中亲手实践一下，把这些通道的信息拆开，然后再放到图层中进行合并。这个实例可以帮助我们深入理解通道的含义，明白原来通道就是这么回事。

准备图像

打开随书赠送"学习资源"中的02.jpg文件，实际上，任何一张彩色图像都可以用来进行这个练习。

打开图层面板，单击下边的创建新图层图标四次，生成四个新的图层，即图层1、图层2、图层3与图层4。

载入通道选区

打开通道面板，在红色通道上单击鼠标，选择红色通道为当前通道。

在通道面板的最下面，用鼠标载入通道选区图标，此时在图像中看到蚂蚁线了。这样就载入了红色通道的选区。

单击RGB复合通道，所有通道都被激活，这时又看到正常的彩色图像了。

经常有朋友在这一步用鼠标单击RGB通道前边的眼睛图标，这样只是让三个通道可见，但并没有打开三个通道，这样做是不对的。

我们必须打开三个通道，在通道面板上看到三个通道都处于激活状态。

 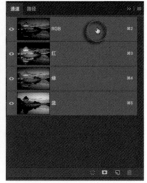

填充颜色

回到图层面板，指定最上面的图层 4 为当前层。

在工具箱中单击前景色图标，打开拾色器，然后设定RGB颜色为R255、G0、B0，这是RGB的纯红色，最后按"确定"按钮退出。

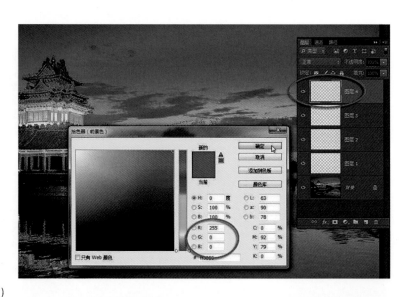

按Alt+Delete组合键，在图层4中填充前景色为红色。红色图层有了，这就是原图像中所有的红色。如果暂时关闭背景层，可以清楚地看到图像中所有红色的效果。

制作绿色图层和蓝色图层

再来做绿色图层。

首先关闭图层4，确认背景层是打开的，使图像恢复正常的色彩效果。接着按Ctrl+D组合键取消现有选区。

再次打开通道面板。

在通道面板中单击选择绿色通道。

换一种方法来载入绿色通道选区。按住Ctrl键单击绿色通道，这样绿色通道的选区就被载入了，此时在图像中可看到蚂蚁线。

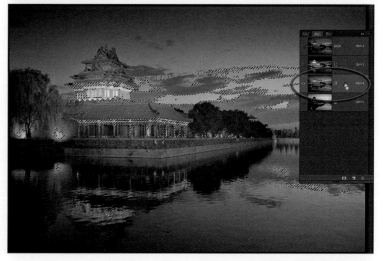

单击RGB复合通道，所有通道都被激活，再次看到蚂蚁线。

回到图层面板，指定图层3为当前层。

在工具箱中单击前景色图标，打开拾色器，然后设定RGB颜色为R0、G255、B0，这是RGB的纯绿色，最后按"确定"按钮退出。

按Alt+Delete组合键，在图层3中填充前景色。绿色图层有了，这是图像中所有的绿色。

再来做蓝色图层。

关闭图层3，使图像的颜色恢复正常。

再次打开通道面板。

我们换一种更简单的载入通道选区的方法。在通道面板中按住Ctrl键直接单击蓝色通道，这样蓝色通道的选区同样被载入，在图像中看到蚂蚁线。

因为这次没有单击蓝色通道进入，因此也不用单击RGB通道返回。这样操作更简便，但心里必须清楚单击载入的是哪个通道的选区。

回到图层面板，指定图层2为当前层。

在工具箱中单击前景色图标，打开拾色器，然后设定RGB颜色为R0、G0、B255，这是RGB的纯蓝色，最后按"确定"按钮退出。

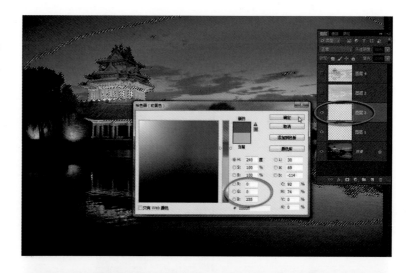

按Alt+Delete组合键，在图层2中填充前景色。蓝色图层也有了。接着按Ctrl+D组合键取消选区。

设置混合模式

三个颜色层都有了，现在来设置图层混合模式。

在图层面板上打开上面的图层4、图层3，关闭背景层。现在只能看到三个填色层的效果。

指定最上面的图层4红色层为当前层，打开图层混合模式下拉框，选定滤色命令，将当前层的混合模式设定为滤色模式。

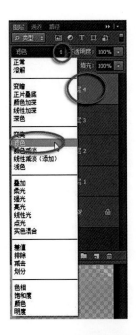

按照刚才的操作方法，分别为图层3绿色层和图层2蓝色层都设定图层混合模式为滤色模式。

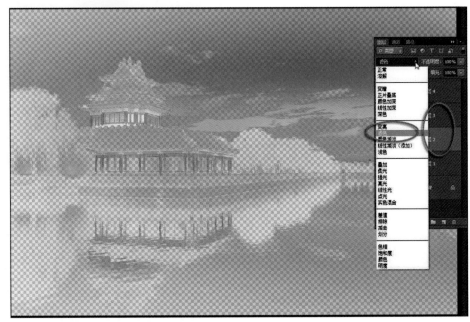

复原图像

关闭背景层。

指定图层1为当前层。

在工具箱中单击默认前景色和背景色图标，或者在键盘上按D键，设置前景色为黑色，接着按Alt+Delete组合键，将前景色填入图层1中，此时可以看到，原来的图像又神奇地复原了。

要点与提示

通过这个练习可以知道，通道就是某一种颜色的分布状况。RGB模式的图像就是由红、绿、蓝三种颜色的图像，按照加色法的特定混合模式合成而来的。

做好这个练习，对于认识通道，打消对通道的畏惧感觉有很大的帮助，并且对于以后利用通道调整图像色彩很有好处。因为这个实例已经说明，图像是几个通道的合成，那么，改变某个通道的影调关系，当然就会改变整个图像的色调关系了。

现在可以有信心地说：通道就是这么回事！

通道的基本形式与操作 03

　　通道操作并不神秘。通道操作的内容相对简单，包括通道的显示与关闭、Alpha通道的建立与修饰、通道的复制与删除、通道选区的建立与存储、从通道载入选区与导出选区。掌握通道的这些基本形式与操作技能，是用好通道的基本功。

观察通道

　　打开随书赠送"学习资源"中的03.jpg文件。

　　打开通道面板，可以看到最上面是RGB复合通道，下面分别是红、绿、蓝三个单色通道。

　　单击某个单色通道，图像以灰度方式显示，我们从中可以看到这个通道中某种颜色的状况。单击哪个通道就显示哪个通道，一次只能单击选择一个通道。

在通道的最前面单击眼睛图标，可以同时显示多个通道的状况。

如果同时单击选择红色和绿色通道的眼睛图标，就会显示红色和绿色通道相加的效果，可以看到图像偏黄的效果。如果同时选择显示红蓝通道，则显示图像肯定偏品红色。同理，如果同时选择显示绿蓝通道，则显示图像肯定偏青。

如果在通道面板中单击选择一个通道，表示已经进入这个通道状态。这时直接单击最上面的RGB复合通道前面的眼睛图标，可以看到图像以正常颜色显示。但是，这只是显示了三个通道颜色叠加的效果，并没有将三个通道都打开。注意看通道面板，现在仍然只有一个通道被选中打开。千万不要以为看到正常彩色图像就是将RGB三个通道都打开了。

必须用鼠标单击最上面的RGB复合通道，这时不仅能看到正常显示颜色的图像，而且下面的RGB三个通道都变色处于同时被选中打开的状态。这才是三个通道都处于选中打开的状态。

初学者很容易混淆这一点，务必注意。

Alpha通道

在通道面板中，我们可以建立自己需要的通道，专门用来建立和存储选区。

在通道面板的最下面单击"创建新通道"图标，可以看到通道面板中在原有的单色通道下面出现了新的通道，叫"Alpha 1"通道。新的通道默认是全黑的，表示现在通道中什么都没有。

可以在Alpha通道中建立自己所需的选区。

比如，在工具箱中选择画笔，在上面的选项栏中打开画笔库，选择一个所需的画笔。设置合适的笔刷直径参数，不透明度和流量参数都设置为100%。

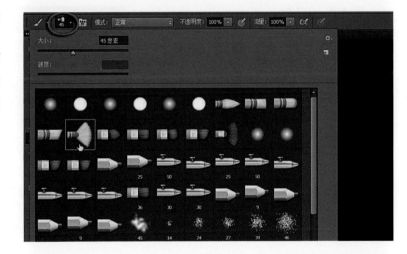

将工具箱中的前景色设置为白。

用画笔在图像中随意涂抹，涂抹的白色笔触就是下面所要建立的选区。

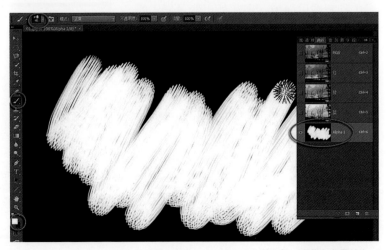

在通道中载入选区

在Alpha通道中，黑色表示选区之外，白色表示选区之内，灰色表示半透明的选区。

在通道面板的最下面单击载入选区图标，就将当前Alpha通道中所有的选区都选中载入了，现在看到蚂蚁线了。

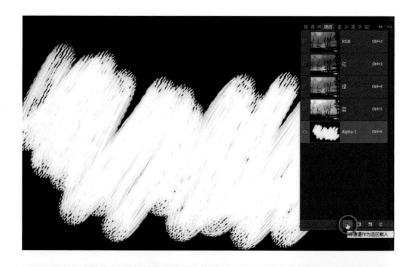

载入选区之后，在返回图层面板之前，一定要先返回最上面的复合通道。

用鼠标单击最上面的RGB复合通道，此时可看到RGB通道都被选中打开了，看到彩色图像了，蚂蚁线还在。

注意，一定是单击在通道上，而不是单击通道前面的眼睛图标。

打开图层面板，现在处于背景层，蚂蚁线还在。按Ctrl+J组合键，将当前层选区内的图像拷贝粘贴成为一个新的图层。

在背景层的前面单击眼睛图标，关闭背景层，可以看到刚才拷贝粘贴的新图层，里面的图像就是我们在Alpha 1通道中涂抹建立的选区拷贝出来的。

再次打开通道面板。

再次单击通道面板最下面的"创建新通道"图标，建立一个Alpha 2新通道。

在工具箱中选择渐变工具，然后设置前景色、背景色为默认的黑白，接着在最上面的选项栏中设置渐变颜色为"从前景色到背景色"，渐变方式为线性渐变。

用渐变工具在图像中从上到下拉出黑白渐变。

在通道面板的最下面单击载入选区图标，将当前通道中的渐变选区载入，此时看到蚂蚁线了。

在通道面板的最上面单击复合通道，看到RGB三个单色通道都被选中，看到彩色图像了。

回到图层面板。

单击当前图层 1前面的眼睛图标，将当前层关闭，然后打开背景层并激活背景层，此时看到完整的彩色图像了。

再次按Ctrl+J组合键，将背景层选区内的图像拷贝粘贴成为一个新的图层2。

关闭背景层，可以看到图层2的状况。载入的Alpha 2通道中渐变选区到图像中拷贝的图像也是渐变的，就是说选区可以是半透明的。这是利用Alpha通道建立选区的一个特殊功能。

存储复杂选区

在图层面板中，关闭上面的两个粘贴局部图像的图层，打开背景层，就能看到完整的彩色图像了。

我们现在想把这个图像中的天空部分都选中。选择"选择\色彩范围"命令，在弹出的色彩范围对话框中，用默认的吸管在图像中的天空上单击，用加号吸管继续单击没有被选中的天空部分，并调整"颜色容差值"参数，让缩览图中的天空尽量为白，其他部分尽量为黑。满意了就单击"确定"按钮退出。

看到蚂蚁线了。

选择"选择\存储选区"命令。

在弹出的存储选区对话框中，保持默认参数不动，只为当前图像文件建立一个新通道，然后直接单击"确定"按钮退出。

按Ctrl+D组合键取消选区，可以看到蚂蚁线没有了。

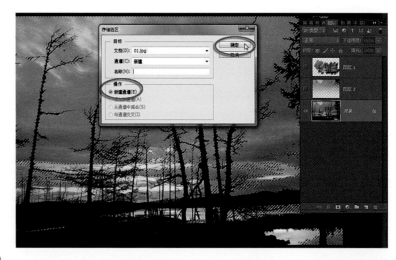

打开通道面板，在最下面可以看到刚刚存储的选区，就是新的Alpha 3通道。

单击进入Alpha 3通道，可以看到灰度的图像，天空部分是白色的，其他景物是黑色的。

可以在通道面板的最下面单击载入通道选区的图标，将当前通道中的白色选区选中。

也可以在菜单中选择"选择\载入选区"命令，在弹出的载入选区对话框中，打开通道下拉框，选择需要载入选区的Alpha 3通道，然后单击"确定"按钮退出。

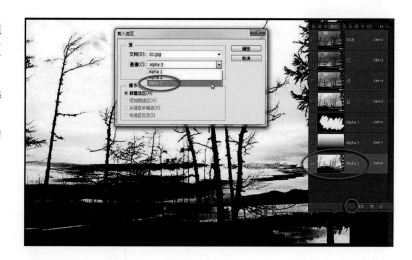

现在看到蚂蚁线了。

在通道面板的最上面单击复合通道，可以看到RGB单色通道都被选中打开了。

使用通道中的复杂选区

打开随书赠送"学习资源"中的03-1.jpg图像文件，这是一张夕阳天空的素材图，与目标图像的大小完全一样。

按Ctrl+A组合键将图像全选，再按Ctrl+C组合键拷贝当前图像。

回到目标图像文件，打开图层面板，可以看到蚂蚁线还在。

选择"编辑\选择性粘贴\贴入"命令，将刚才拷贝的夕阳素材图像粘贴过来。

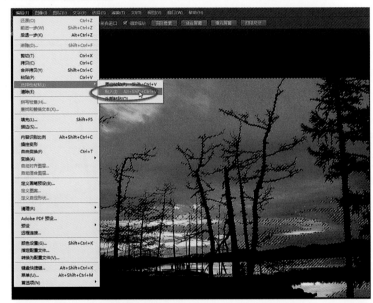

可以看到素材夕阳天空被粘贴到当前目标图像中的选区之内了。图层面板上产生了一个新的图层，选区变成了当前层的蒙版。

感觉天空中的云彩位置方向不满意。选择"编辑\变换\水平翻转"命令，将当前层的图像做一个左右方向的水平翻转。

此时可看到天空中的夕阳从右边翻转到了左边，与树木之间的位置合适了，看起来舒服了。

感觉靠近地平线的远山附近的天空不舒服，这是由于选区边缘比较硬。

在工具箱中选择渐变工具，然后设置前景色为黑，并在上面的选项栏中设置填充颜色为前景色到透明，渐变方式为线性渐变。

在图层面板中单击当前图层的蒙版图标，将蒙版激活，进入蒙版操作状态。

从地面到天空的中间拉出渐变线，将这一部分天空做渐变过渡遮挡，可以看到天边的效果舒服多了。

要点与提示

这个实例主要是帮助您熟悉通道中的基本操作，其实操作不难，主要是弄清楚这些操作的用途和用法。会选择所需的单色通道，会建立新通道，会存储、载入通道，这就可以继续下面的练习了。

通道的第一大功用——
保存与改变颜色 04

不要害怕通道，说开了，通道就是两大功用，一个是保存与改变颜色，一个是制作与使用选区。保存颜色就是控制好颜色通道中的明暗关系，制作选区就是在Alpha通道中描画黑白灰。没了，这就是我们要掌握的通道。我们把这两个功用分成两个实例做练习。

颜色就保存在图像文件已有的通道中。我们的数码照片是RGB色彩模式，照片的所有颜色就保存在图像文件已有的红、绿、蓝三个通道中。改变这些通道的明暗，就是改变图像的颜色。

准备图像

打开随书赠送"学习资源"中的04.jpg文件，我们特意挑选了一张主体与背景边缘清晰，反差很大，主体色彩鲜艳的荷花照片，为的是能够很简单明了地做成通道颜色的试验。

为了能够更清晰地看到颜色调整的效果，需要设置一下通道的显示方式。

打开通道面板，在最右上角单击菜单图标，然后在弹出的菜单中选择"面板选项"命令，接着在弹出的通道面板选项对话框中，单击选择最大显示方式，最后按"确定"按钮退出。可以看到，通道面板中所有通道的显示更容易看清楚了。

改变通道明暗

　　单击通道面板中的任意颜色通道，可以看到某个通道的灰度图像。这个灰度图像表示了当前颜色通道中这个颜色的分布状况。

　　单击选择红色通道，可以看到荷花是白色的，背景是黑色的。在RGB模式中，白色表示当前红色通道中的红色很多、很足；黑色表示这个地方红色很少，甚至没有红色。

　　在工具箱中设置前景色、背景色为默认的黑和白。

　　现在前景色为黑。按Alt+Delete组合键在当前红色通道中填充前景色，看到图像中一片黑。注意，这不是图像，这是在红色通道中。看通道面板，当前红色通道完全为黑。按照RGB通道模式，这表示当前通道中没有一点红色。

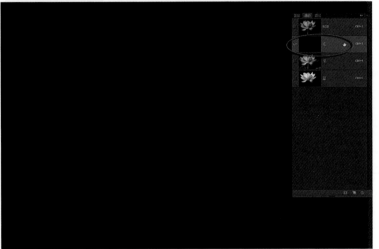

　　在通道面板的最上面单击RGB复合通道，此时可看到所有红、绿、蓝通道都被激活了。现在荷花的颜色变成了蓝青色。这是因为图像中没有一点红色，那么绿色加蓝色就是青色了。

在通道面板中再次单击红色通道将其激活，接着按Ctrl+Delete组合键在当前红色通道中填充背景色为白色。

可以看到通道中完全为白，表示当前红色通道中红色达到了最极致，全部是红色。还可以看到最上面的RGB复合通道中，图像已经呈明显的红色。

按F12键，图像恢复初始状态。

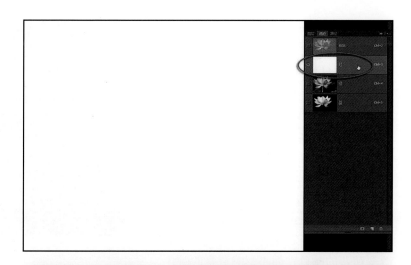

在选区内填充黑白

再换一种更细致的做法。

在通道面板上单击选择红色通道，然后在通道面板的最下面单击"将通道作为选区载入"图标，这样就将当前红色通道内的灰度图像作为选区载入，白色为选区之内，黑色为选区之外。现在看到蚂蚁线了。红色通道中荷花与背景黑白分明，因此载入的选区很规整。

在通道面板中单击选择绿色通道。

现在看到的是绿色通道中的灰度图像，表示绿色在这个图像中的分布状况。越亮的地方绿色越多，越暗的地方绿色越少。

蚂蚁线还在。

确认工具箱中前景色和背景色仍然是默认的黑和白。

按Alt+Delete组合键，在选区内填充前景色为黑色，可以看到刚才载入的荷花变成了很暗的黑色，表示当前通道中，原本灰调子的荷花有少量的绿色，现在这些绿色都没有了。所以看到最上面RGB复合通道的荷花变成了鲜艳的品红色。由于荷花中没有了绿色，所以大量的红色加一部分蓝色，就成了品红色。由于前面载入的红色通道中的荷花选区，因此现在填充只改变荷花的颜色，而不影响背景的颜色。

按Ctrl+Delete组合键，在选区内填充背景色为白色，可以看到刚才载入的荷花变成了很亮的白色，表示当前通道中，原本灰调子的荷花大大增加了绿色。所以看到最上面RGB复合通道的荷花变成了亮黄色。由于荷花中增加了绿色，所以大量的红色加大量的绿色，就成了黄色。

通过这一步，我们知道了可以在选区内改变局部通道的亮度，因而改变图像的局部色彩。

按F12键将图像恢复初始状态。

曲线调整通道明暗

再换一种曲线调整方法来做。

在通道中选择蓝色通道将其激活，然后选择"图像\调整\曲线"命令，或者按Ctrl+M组合键直接打开曲线对话框。

可以看到当前曲线是专门控制蓝色通道的。在曲线上单击建立一个控制点，将这个点大幅度提高，可以看到随着曲线向上抬起，图像变亮了。这表示当前蓝色通道中大量增加了蓝色，因而在通道面板最上面的复合通道中可以看到荷花的颜色变成了品色，因为红+蓝=品红。

将曲线上的这个控制点大幅度向下
压，可以看到随着曲线向下压，图像变暗
了。这表示当前蓝色通道中大量减少了蓝
色，因而在通道面板最上面的复合通道中
可以看到荷花的颜色变成了橙色，因为大
量的红+少量的绿＝橙。

单击"取消"按钮退出曲线调整。

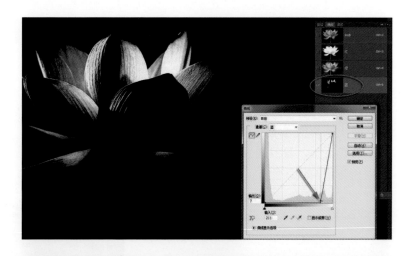

用调整层控制通道颜色

在通道中控制颜色，通道的明暗可以
改变颜色，但是这样的做法并不直观，我
们换成调整层来做。

确保图像已经恢复初始状态。

回到图层面板，在最下面单击创建新
的调整层图标，在弹出的菜单中选择曲线
命令，建立一个新的曲线调整层。

在弹出的曲线面板中打开通道下拉
框，可以看到最上面是RGB复合通道，
下面是红、绿、蓝颜色通道。这与我们在
通道面板中的操作思路是完全一样的。

选择蓝色通道。

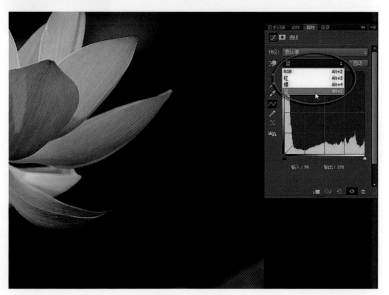

在面板中选择直接调整工具。

在图像中按住荷花较亮的地方略微向下移动，可以看到曲线上自动产生相应的控制点也向下移动，曲线被向下压了。

与前面在通道面板中选择蓝色通道，移动曲线来调整通道中的明暗道理一样，现在曲线下压，蓝色减少，所以看到荷花的颜色开始偏暖红色。

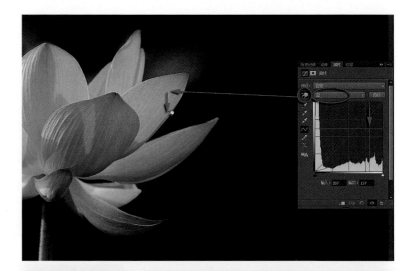

我们还是觉得荷花的颜色应该是品红色的。

将鼠标放在荷花较暗的地方，按住鼠标稍向上移动，可以看到曲线上产生相应的控制点也向上抬起曲线，让暗调的曲线大体复原。

这样做，就在图像的亮部减少了蓝色，而在暗部保持了原有的蓝色。

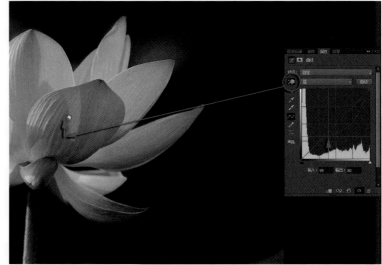

在曲线面板上再次打开通道下拉框，选择绿色通道。

同样在图像中花瓣的亮调和暗调部分选择两个控制点。这次将亮点稍向下压一点，荷花减少了绿色就不再偏黄。暗部还是恢复原点，保持暗部色彩不动。

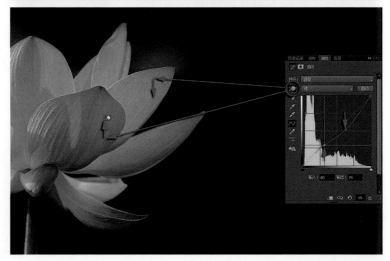

在曲线面板上再次打开通道下拉框，选择红色通道。

选择直接调整工具在图像中花瓣的亮调和暗调部分选择两个控制点。这次将亮点稍向上抬一点，这样荷花亮部更增加了红色。将暗部稍向下压，让暗部偏冷色调一点。

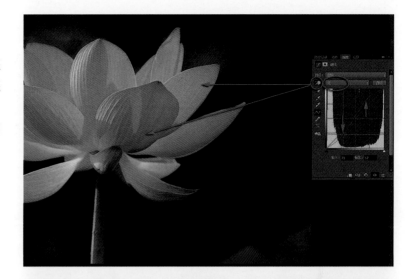

在曲线面板上再次打开通道下拉框，选择RGB通道。

在RGB复合通道中，可以清楚地看到红、绿、蓝三条曲线的走向，从中分析出片子中各部分的颜色情况。

然后按照片子影调的情况，在RGB复合通道的白色曲线上再创建相应的控制点，适当调整各个控制点，让片子的影调达到满意。

要点与提示

这个实例说明了通道的第一大功用——存储与改变颜色。颜色都存储在各个颜色通道中，改变某个颜色通道的明暗影调，就是增减某个通道的颜色多少。

用曲线调整层来控制通道改变颜色，比在通道面板中做更直观、更便捷、更细腻。

通过调整通道的明暗来调整颜色，与在图像中直接用"色相\饱和度"命令调颜色相比，图像质量要好很多。但是用通道明暗控制颜色要有较好的色彩理论做基础。

制作与使用选区

通道的第二大功用——**05**

通道的第二大功用就是制作与使用选区。在Photoshop中有很多创建选区的方法，比如选框工具、魔棒工具、路径工具、色彩选择命令、蒙版调取等，但是只有在通道中建立的选区是最精准的，而且是可以保存，可以反复修改和调用的。自己建立的选区都存储在Alpha通道中，熟练掌握在Alpha通道中建立、制作、调取选区的技术，对于提高图像处理的精度和质量非常重要。

准备图像

打开随书赠送"学习资源"中的04.jpg文件，与前一个实例的图像是一样的，我们用它来做通道选区的试验练习。

制作Alpha通道选区

打开通道面板，可以看到红色通道的反差最大，将红色通道用鼠标拖到通道面板最下面的建立新通道图标上，复制成为一个红副本通道。这已经是一个当前图像文件原有通道之外自建的通道了，这样的通道都属于Alpha通道。

在Alpha通道中，没有记录、存储颜色信息，只有选区。在Alpha通道中，白色表示选区之内，黑色表示选区之外。

Alpha通道中的黑白影像是可以修改的。

按Ctrl+M组合键，打开曲线对话框，然后选择黑色吸管单击图像中背景稍亮的地方，选择白色吸管单击荷花图像中较暗的地方。这样就确定了图像中的黑白场，可以看到曲线的两端向内移动，大大简化了黑白空间，分离了荷花与背景。

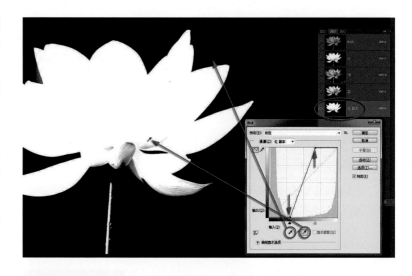

对于主体与背景边缘还不够完善的地方，可用工具箱中的画笔进行调整。首先选择画笔，并设置相应的笔刷直径和硬度参数，然后用白色笔刷涂抹荷花，用黑色笔刷涂抹背景。笔刷的硬度参数与荷花边缘的虚实有直接关系。

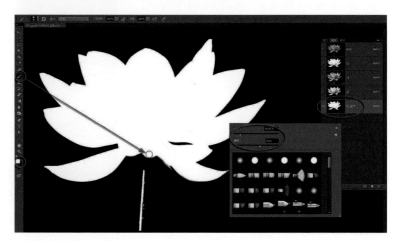

调取选区拷贝图像

白色荷花的边缘涂抹满意了，在通道面板的最下面单击载入通道选区图标。当前通道中白色都作为选区载入了，看到蚂蚁线了。

在通道面板中单击最上面的RGB复合通道，可以看到所有的颜色通道都被选中激活了，看到彩色图像了。

回到图层面板，蚂蚁线还在。当前处于背景层。选择"图层\新建\通过拷贝的图层"命令，或者按Ctrl+J组合键，可以看到选区内的荷花图像被拷贝复制成为一个新的图层。单击下面背景层的眼睛图标，关闭背景层，可以看到当前层的荷花图像。

关闭当前拷贝的荷花图层，再次打开背景层，继续做。

再次打开通道面板。选择蓝色通道将其激活，这个图像中蓝色不是太多，所以蓝色通道中并不是很亮，荷花是一个灰度影像。

在通道面板的最下面单击载入通道选区图标，又看到蚂蚁线了，但它与荷花的外形并不吻合，不过没关系。

在通道面板的最上面单击RGB复合通道，回到所有颜色通道都被选中的状态，看到彩色图像了。

再次回到图层面板，指定背景层为当前层。上面的图层1已经关闭。

此时蚂蚁线还在。再次按Ctrl+J组合键，将当前层选区内的图像拷贝复制成为一个新的图层，可以看到图层面板上产生了一个新的图层2。

关闭背景层，可以看到刚产生的图层2的状况。这个荷花是一个半透明状态的图像，越亮的地方，图像越完整清晰；越暗的地方，图像越缺失透明。

制作半透明选区是通道中制作选区的一大特殊功能，是魔棒、路径等工具做不到的。半透明选区制作的半透明图像在很多时候具有非常精妙的作用。

在图层面板上，用鼠标按住图层2将其移动到最上面。

加减通道选区

关闭图层1和图层2，打开背景层，再次进入通道面板。

选择刚才建立的红副本通道，然后在通道面板的最下面单击载入通道选区图标，当前通道中白色部分被作为选区载入，看到蚂蚁线了。

按住Ctrl+Alt组合键，将鼠标放在绿色通道上，当看到鼠标变成方框选区，里面有一个减号图标时，单击绿色通道。这样就从第一次载入的红副本通道的选区中减去了绿色通道选区。这就是通道选区的减法。

先载入一个通道的选区，然后按住Ctrl+Alt组合键单击另一个通道，就从先载入的通道选区中减去了第二个通道的选区。而载入一个通道选区后，按住Ctrl+Shift组合键单击第二个通道，则是两个通道选区的相加。

新选区以后如果需要反复调取，就要先存储。

在通道面板的最下面单击将选区存储为通道图标，可以看到通道面板中出现了一个新的Alpha 1通道。

单击选择这个新的Alpha 1通道，可以看到刚才用通道减法建立的新选区就存储在这里了。

以后可以随时调用这个特殊的选区。

在通道面板的最上面单击RGB复合通道，激活所有颜色通道，此时看到彩色图像了。

回到图层面板。

蚂蚁线还在，当前层是背景层。按Ctrl+J组合键，将选区内的图像拷贝复制成为一个新图层。

关闭其他图层，可以看到，这个用通道减法建立的选区再复制出来的图像更半透明了，与各个颜色通道的选区复制的图像都不一样。

打开"学习资源"中赠送的另一张素材图04-1.jpg，这是一张与原图大小一致的图像。

按Ctrl+A组合键全选图像，再按Ctrl+C组合键复制图像。

回到原图像文件，确认背景层为当前层。

按Ctrl+V组合键将刚才拷贝的图像粘贴进来，可以看到在背景层的上面产生了一个新图层，刚才的素材放在了荷花图像的下面，荷花开在云天里。

选定图层1的荷花为当前层，将图层面板上面的图层不透明度降低到合适参数，可以看到半透明的荷花与云天相互融合在了一起。

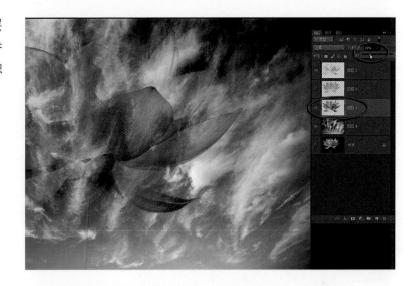

要点与提示

用好各种不同选区的组合，可以制作出非常绚丽的创意图像。

通道的第二大功用——制作与使用选区，其中最基本的是建立Alpha通道，在Alpha通道中制作、存储、调取选区，其中变化多端，能够得到非常精细、精准、精美的选区，为更高级的图像处理提供更好的技术支持。

不同色彩模式通道的差异 06

不同的图像文件格式记录颜色的方式是不同的，形成了不同的色彩模式，因而它们的通道也是不同的。了解不同色彩模式的通道差异，对于我们精细处理颜色、正确选择存储格式、正确选择输出图像的格式都具有重要的意义。

观察RGB模式

打开随书赠送"学习资源"中的06.jpg文件，实际上，任何一张彩色图像都可以用来做这个练习。

打开通道面板，可以看到最上面是RGB复合通道，下面分别是红、绿、蓝三个单色通道。这是我们前面的练习中已经知道了的。

单击某个单色通道，这时图像以灰度方式显示，我们从中可以看到这个通道中某种颜色的状况。需要注意的是，在RGB通道中，哪里有颜色哪里就是白色，哪里没有颜色哪里就是黑色，图像以灰度关系表示颜色的多少和分布状况。

观察索引色模式

选择"图像\模式\索引颜色"命令，将当前的图像从RGB模式转换为索引色模式。

要记住"图像\模式"这个命令，因为我们的数码照片原文件都是RGB模式的，如果需要转换为其他颜色模式，都是在这个命令下来做。

选择转换索引色命令以后，会弹出设置对话框，这里有很多设置选项。

我们在这里只用默认设置。要讲清楚这些设置需要做多个实例，而索引色对于我们摄影人来讲，使用的机会相对来说不是太多，所以这里就不作讲解了。

单击"确定"按钮退出。

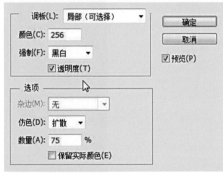

现在观察通道面板，可以看到只有一个彩色通道。

索引色是按照图像中的颜色，在电子文件中建立一个索引色表，然后对每一个像素按索引色表的颜色复原，由此得到图像。因此索引色模式不需要多通道的复合。

但是索引色最多只有256种颜色，因此图像的颜色质量要差一些。

按F12键，图像恢复到RGB模式的初始状态。

观察灰度模式

选择"图像\模式\灰度"命令，将当前的图像从RGB模式转换为灰度模式。这也就是我们摄影人通常说的黑白模式。

这时会弹出信息对话框，提醒你这个转换灰度是软件自动转换，不是操作者可控的。

单击"扔掉"按钮，把当前色彩都扔掉。

现在看到彩色照片已经变成了黑白照片。

观察通道面板，也是只有一个单通道。因为现在的灰度图像中没有颜色，不需要多通道复合。在灰度图像中，8位图像只有从黑到白256阶，因此也就只需一个通道。

按F12键，图像恢复到RGB模式的初始状态。

观察CMYK颜色模式

选择"图像\模式\CMYK颜色"命令，将当前的图像从RGB模式转换为CMYK模式。这也就是彩色油墨印刷色彩模式。

在弹出的对话框中，提示当前软件已经设定的印刷油墨设置，如果与所需油墨不符，要另作设置。

按"确定"按钮退出。

如果仔细观察，就会发现，转换为CMYK模式后，色彩与RGB相比有所变化。

打开通道面板，可以看到最上面是CMKY四色复合通道，下面依次是CMKY的四个单色通道，就是印刷中的青、洋红、黄、黑四色油墨。

单击某个单色通道，可以看到灰度图像，表示当前通道中这种颜色的油墨分布状况。需要特别说明的是，与RGB模式的单色通道正相反，在CMYK模式的单色通道中，有颜色的地方为黑，没有颜色的地方为白，灰度的深浅表示了油墨的多少。

按F12键，图像恢复到RGB模式的初始状态。

观察Lab颜色模式

选择"图像\模式\Lab颜色"命令，将当前的图像从RGB模式转换为Lab模式。

转换为Lab模式后，仍然是彩色图像，看不出与转换前有什么变化。打开通道面板，可以看到最上面是Lab复合通道，下面分别是L明度通道、a颜色通道和b颜色通道。这三个通道也是灰度图像。

L通道是图像的灰度影调，相当于当前图像的黑白照片。

　　a颜色通道和b颜色通道中究竟是什么呢？我们来做一个试验就知道了。

　　单击Lab复合通道，确保能够看到正常的彩色图像，然后打开图层面板，在最下面单击建立新的调整层图标，接着在弹出的菜单中选择曲线命令，建立一个新的曲线调整层。

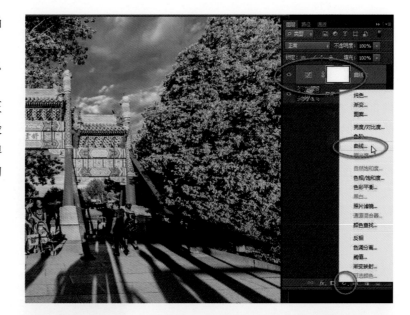

　　在弹出的曲线面板中，单击打开通道下拉框，选择a通道。

　　我们专门来看看这个a通道中的颜色信息是如何记录的。

　　在曲线的中间单击鼠标，建立一个控制点。

　　用鼠标将这个控制点向上移动，将曲线抬起来，可以看到图像逐渐偏品红色。

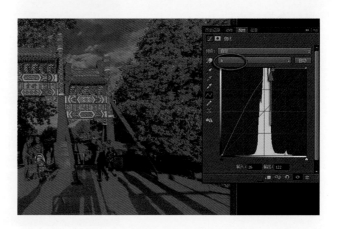

再将这个曲线控制点向下移动，将曲线压下去，可以看到图像逐渐偏绿色。

由此可知，a通道中保存的是品色和绿色。通道的亮调部分是品红色，暗调部分是绿色。在a通道中，白色就是品红，黑色就是绿色。

将曲线上的控制点用鼠标拉到曲线框的外面，这个控制点被删除，图像恢复原状。

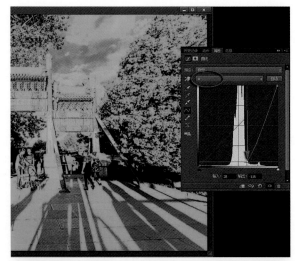

在弹出的曲线面板中，单击打开通道下拉框，选择b通道。

我们再来看看这个b通道中的颜色信息是如何记录的。

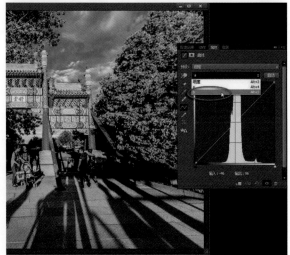

在曲线的中间单击鼠标，建立一个控制点。

用鼠标将这个控制点向上移动，将曲线抬起来，可以看到图像逐渐偏黄色。

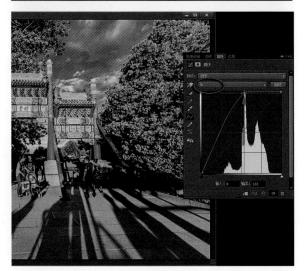

再将这个曲线控制点向下移动，将曲线压下去，可以看到图像逐渐偏蓝色。

由此可知，b通道中保存的是黄色和蓝色。通道的亮调部分是黄色，暗调部分是蓝色。在b通道中，白色就是黄色，黑色就是蓝色。

Lab颜色模式是一种非常重要的模式。Lab模式对颜色的控制是品、绿、黄、蓝，而将图像的明暗分离为一个单独的L通道，这样对图像的控制就会更加细腻。但是，大多数摄影人并不是专业的图像处理工作者，他们接触Lab不多，对他们来说，学习掌握Lab模式是一个有相当难度的过程。

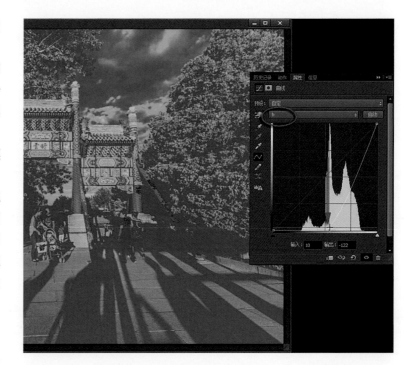

要点与提示

在这个实例中，我们看到了不同色彩模式里通道的差异。有的模式中有五个通道，有的模式中只有一个通道。我们在这个实例中看到的通道，都是记录存储颜色的，或者是复合多通道颜色的。

通道是可以做删除操作的，但千万不能随意删除某个通道。因为删除一个单色通道后，不仅图像的颜色会发生变化，而且当前文件的色彩模式也同时被改变了，那就不是原有的色彩模式了。

第2章 通道与颜色

通道明暗与颜色的多少 07

通过前面的实例练习，我们已经知道在RGB图像中，通道中的单色通道是用来保存颜色的。在每个单色通道中，保存颜色的方式是以灰度图像来记录的，灰度图像的明暗表示了这个通道中颜色的多少。

准备观察通道

打开随书赠送"学习资源"中07.jpg文件。

按F7键打开图层面板，然后用鼠标按住图层面板卡旁边的通道面板卡，将通道面板拖曳分离出来，放到图层面板的下面。这样做是为了在操作图层的同时，能看到通道中的变化。

我们现在要尝试用曲线命令改变一个单色通道的明暗，但是为了操作灵活，我们不直接在通道中做，而是在图层中利用调整层来做改变通道明暗的操作。

在图层面板的最下面单击创建新的调整层图标，然后在弹出的菜单中选择曲线命令，建立一个曲线调整层。

通道中的白与黑

　　在弹出的曲线面板中打开通道下拉框，可以看到与通道面板相同的RGB复合通道，还有红、绿、蓝三个单色通道。

　　选择红色通道。

　　调整曲线。

　　将曲线的左下角顶点向上移动到最高点，使曲线成为最高处的一条水平直线。也就是说，将这个通道中的图像调整为最亮的白色。在通道面板中可以看到，红色通道变成了全白色。

　　可以看到图像变成了强烈的偏红色。

　　在RGB模式中，单色通道越亮，这一通道中的颜色就越强烈。

　　回到曲线面板中，将曲线的两端向下移动到最低点，也就是将这个通道中的图像调整为最暗的黑色。在通道面板中可以看到，当前的红色通道变成了全黑色。

　　可以看到图像变成了明显的偏青色。

　　在RGB模式中，单色通道越暗，这一通道中的颜色就越弱。没有红色的图像，就成了蓝+绿=青了。

改变一个通道的明暗

  将曲线面板中曲线的两端恢复初始状态，可以看到当前图像也恢复到原正常色彩。

  在曲线的中间单击鼠标，建立一个控制点，用鼠标将这个控制点向上移动，可以看到图像随着曲线逐渐抬起而越来越偏红，观察相对应的红色通道，也是随着曲线逐渐抬起而越来越亮。

  用鼠标将曲线上这个控制点向下移动，可以看到图像随着曲线逐渐下压而越来越偏青，观察相对应的红色通道，也是随着曲线逐渐下压而越来越暗。

  红色通道越暗，说明红色越少。而红色越少，则蓝色与绿色相加，使图像偏青色。

  将曲线上的控制点移出曲线框之外，这个控制点被删除，图像恢复初始状态。

  打开曲线面板上的通道下拉框，选择蓝色通道。

  继续做试验。

在曲线的中间单击鼠标，建立一个控制点。

用鼠标将这个控制点向下移动，使曲线向下压，此时在通道面板中看到当前蓝色通道变暗，也就是说减少了蓝色。在RGB色彩模式中，红+绿=黄，所以我们看到图像明显偏黄色。

同理，如果将曲线上的控制点向上移动，将曲线抬起，可以看到当前蓝色通道变亮，即增加了蓝色。可以看到图像确实逐渐偏蓝色了。

将曲线的控制点移出曲线框，删除控制点，图像恢复初始状态。

调整多通道效果

在曲线面板上打开通道下拉框，选择绿色通道。

在曲线的中间单击鼠标，建立一个控制点，将这个点适当向下移动，曲线被下压，即减少了绿色。在通道面板上可以看到绿色通道变暗。

图像中的绿色减少后，红色加蓝色，使图像开始偏品色。

再次打开曲线面板中的通道下拉框，选择蓝色通道。

在曲线上单击鼠标建立控制点，将这个控制点向上移动，即增加蓝色。在通道面板上可以看到蓝色通道变亮。

图像中蓝色增加后，图像更偏品色了。

再次打开曲线面板中的通道下拉框，选择红色通道。

在曲线上单击鼠标建立控制点，将这个控制点向下移动，即减少红色。在通道面板上可以看到红色通道稍变暗。

图像中红色减少后，图像更偏蓝了。

要点与提示

这个实例告诉我们，单色通道的明暗表明了颜色的多少。通道越亮，颜色越多；通道越暗，颜色越少。改变通道的明暗，就是改变颜色的多少，从而改变图像的颜色。

改变通道就是改变颜色 08

通道中以灰度的方式存储了颜色，那么改变通道的明暗，就是改变颜色的多少，由此直接影响到图像的颜色。在改变通道明暗时，不仅要考虑单色通道的调整，而且还要综合考虑改变多个通道后，各个通道颜色变化后产生的合成后的颜色效果，这需要对RGB的色彩模式有很透彻的理解。

准备图像

打开随书赠送"学习资源"中的08.jpg文件。

这是一张群山重峦叠嶂的照片，影调正常，色调比较统一，也没有大问题。我们用这样一张色彩比较单一的照片，来做通道改变颜色的试验。

冷色调效果

先来做一个冷色调效果。

打开图层面板，将通道面板拖曳出来，单独摆放通道面板为的是方便观察通道的变化。

在图层面板的最下面单击创建新的调整层图标，然后在弹出的菜单中选择曲线命令，建立一个曲线调整层。

在弹出的曲线面板中打开通道下拉框，可以看到与通道面板相同的RGB复合通道，还有红、绿、蓝三个单色通道。

选择红色通道。

用调整层方法来改变通道，与直接在通道中处理，效果是完全一样的。但从调整层操作能反复调整操作，并能随时恢复初始状态。

在曲线的中间单击鼠标，建立一个控制点，然后用鼠标按住这个控制点向下适当移动，可以看到图像色彩开始偏青蓝色。观察通道面板中的红色通道，在曲线下压后，通道的影调被压暗了。也就是说，红色减少了，所以图像开始偏青蓝色了。

打开曲线面板上的通道下拉框，选择绿色。

在曲线的右侧高点位置单击鼠标，建立一个控制点，将这个点向上移动，即增加绿色。然后在曲线的左侧低点再单击鼠标，建立一个控制点，将这个点重新移动放回曲线的原位。这样做是为了在图像中的亮调部分增加绿色，而在暗调部分保持原有的绿色。

观察绿色通道，可以看到原来的亮调部分更亮了，而暗调部分没有改动。这样一来，图像的亮调部分更偏向青色了。

打开曲线面板上的通道下拉框，选择蓝色。

进入蓝色通道，在曲线上单击鼠标建立两个控制点，然后用鼠标将这两个控制点分别向上下移动，这样做加大了蓝色通道的反差，这样就在图像中亮调部分增加了蓝色，而在暗部减少了蓝色。这就使得图像中亮调部分偏青，暗调部分偏绿。

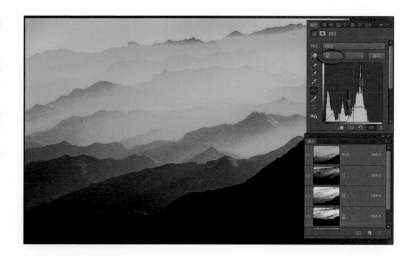

在曲线面板上打开通道下拉框，选择RGB复合通道。

回到RGB复合通道，可以同时看到表现整体影调的白色曲线，以及分别表示红、绿、蓝三个单色通道的红、绿、蓝颜色曲线。从这三条曲线上可以看到图像通道中红、绿、蓝的分布状况。如果对这个效果不满意，可以重新打开某个颜色通道，继续进行调整。

暖色调效果

再来做一个暖色调效果。

在图层面板上单击当前层前面的眼睛图标，将当前的冷色调效果调整层关闭，图像恢复初始状态。

在图层面板的最下面单击创建新的调整层图标，然后在弹出的菜单中选择曲线命令，建立第二个曲线调整层。

在弹出的曲线面板中打开通道下拉框，选择蓝色通道。

在曲线的中间单击鼠标，建立一个控制点，然后用鼠标将这个控制点向下移动，在通道面板中可以看到当前蓝色通道变暗，也就是说减少了蓝色。因为在RGB色彩模式中，红+绿=黄，所以我们看到图像开始偏黄色。

再次打开曲线面板中的通道下拉框，选择红色通道。

在曲线上单击鼠标建立控制点，将这个控制点向上移动，即增加红色。如果一个控制点不够，可以建立多个控制点，为图像中的不同影调增加不同的红色。在通道面板上可以看到红色通道明显变亮了。

图像中红色增加后，图像明显偏红色了。

在曲线面板上打开通道下拉框，选择绿色通道。

在曲线的中间单击鼠标，建立多个控制点，然后将这些点适当向上移动，将暗调部分的控制点向下移动回到曲线原点，这就在图像的亮调部分增加了绿色，而在暗调部分没有增加绿色。在通道面板上可以看到绿色通道反差增大了。

图像中的绿色增加后，与红色相加，使图像开始偏黄色。

再次打开曲线面板中的通道下拉框，选择RGB复合通道。

在曲线面板上单击选择直接调整工具。

用直接调整工具在图像中按住需要调整的位置，或上移，或下移，使图像中亮调和暗调部分的细节层次反差进一步加大。

现在从通道调整明暗得到了很不错的曙光暖色调。

再次回到图层面板。

将刚才关闭的冷色调调整层重新打开，可以看到在两个调整层的共同作用下，图像的色彩又发生了新的变化，同时可以看到通道面板中，三个单色通道都发生了各自不同的变化。

从两个调整层的合成色彩效果中，也可以看到通道发生了相应的变化，更说明了通道的变化与颜色的变化是一一对应的。

要点与提示

这个实例告诉我们，改变通道就是改变颜色。通道的明暗变化，反差变化，都是颜色的变化。要掌控好图像颜色的变化，就要熟谙RGB的色彩构成关系，明确知道要想得到某种色彩效果，应该对应调整哪个通道的明暗和反差。

从改变通道来改变颜色，对图像本身质量的损失是好于直接改动颜色的。

在通道中调整颜色更精细 09

在通道中调整颜色有两个最大的优势：第一是通道控制调整颜色更精细，可以利用曲线产生非常细微丰富的变化；第二是通道调整颜色对图像质量损失更小，有利于提高图像质量。通道调整颜色的难点在于要有较好的色彩基础知识做支撑，知道自己所需的颜色是由RGB之间的什么关系来构成的。能够熟练控制通道调整颜色，大概就没有调不出来的颜色了。

准备图像

打开随书赠送"学习资源"中的09.jpg文件。那一年我登上西岳华山，尽管当时天气昏沉沉的，但我挺高兴的，因为到此我完成了自己走遍中华五岳的愿望。就算到此一游，我也得做出一张片子来证明自己吧！

由于拍摄时曝光稍欠，所以出来的片子色彩昏暗，冷冰冰的，无精打采。当时的天气就这样，谁也没办法。

制作天空选区

图像大体可分为天空和地面两部分。先把天空的选区做出来，地面的选区自然也就有了。

打开通道面板，选择反差最大的蓝色通道，将蓝色通道拖曳到通道面板最下面的创建新通道图标上，复制成蓝副本通道。

当前通道是新建的蓝副本通道。

选择"图像\调整\曲线"命令，或者按Ctrl+M组合键直接打开曲线对话框。

在曲线框的下面选择白色吸管在天空上单击，设置白场，接着选择黑色吸管在山崖上较暗的地方单击，设置黑场，可以看到曲线的黑白亮点都向内侧移动了，图像大部分简化为黑白。

不要试图将黑白两点过于接近，而使曲线过于直立。因为那样会使图像中山顶树木的边缘产生明显的边缘，非常难去除。

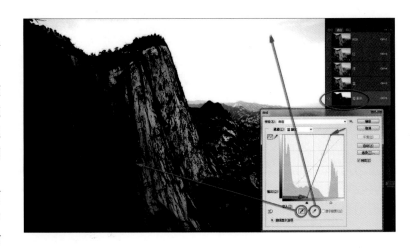

在现有一定斜度的曲线上单击鼠标，建立两个控制点，然后将这两个控制点分别适当移动，让曲线有一定的弧度。这样做还是为了尽量降低黑白边缘产生的亮边。

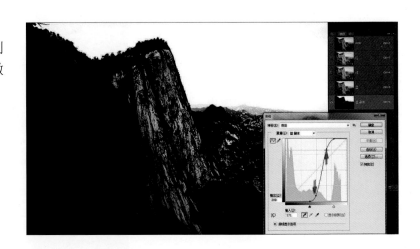

在工具箱中选画笔，然后设置前景色为黑，在上面的选项栏中设置稍大一些的笔刷直径和最低的硬度参数，用黑笔将地面景物大致涂抹掉。

远山与天地交界的地方不必涂抹得界限清晰，这种地方模糊一点反而好。

靠近山崖的地方要重新设置较小的笔刷直径和稍高的硬度参数，将边缘涂抹准确。

看到天空是白色，地面是黑色，涂抹完成。在通道面板的最下面单击将通道载入选区图标，看到蚂蚁线了，天空亮调部分被载入选区了。

在通道面板的最上面单击RGB复合通道，可以看到复合通道和红、绿、蓝三个颜色通道一起都被选中了，同时也看到彩色图像了。

用通道调整天空颜色

回到图层面板。在图层面板的最下面单击创建新的调整层图标，然后在弹出的菜单中选择曲线命令，建立一个曲线调整层。

我们可以直接在通道面板中做颜色调整，但是到图层面板中通过调整层来做通道调整颜色更直观、更简便、更可控。

因为是带着蚂蚁线选区建立调整层，因此会在当前调整层上自动建立一个带选区的蒙版。

在弹出的曲线面板中打开通道下拉框，单击选择红色通道。

在面板中选择直接调整工具。

在图像的天空中按住鼠标向下移动，可以看到曲线上产生一个相对应的控制点也向下移动。

红色曲线下压就是减少红色，稍移动一点就见效了，天空中减少了红色，天空开始偏蓝了。

再次打开曲线面板上的通道下拉框，单击选择蓝色通道。

将鼠标再次放在蓝天上，按住鼠标向上移动，可以看到曲线上产生相应的控制点也向上移动。

蓝色曲线向上抬起就是增加了蓝色，现在天空的颜色看起来更蓝了。

再次打开曲线面板上的通道下拉框，单击选择绿色通道。

将鼠标放在蓝天上，按住鼠标向上或者向下移动试试看，哪个蓝色你更满意？向上移动添加绿色，会让蓝色偏青色；向下移动减少绿色，会让蓝色更蓝。加减绿色只需那么一点点。

再次打开通道下拉框，单击选择RGB明度通道，然后以天空中的白云亮点和蓝天暗点为依据单击鼠标，建立两个控制点。将亮点向上移动，暗点向下移动，这样天空的明度反差就出来了。

现在天空的颜色和影调大体满意了。

用通道调整地面颜色

接下来做地面的颜色。

首先要载入地面的选区。按住Ctrl
键，用鼠标单击当前调整层的蒙版图标，
将当前图层蒙版的选区载入，看到蚂蚁
线了。

也可以回到通道面板去，从刚才的蓝
副本通道载入选区。二者的效果是一样的。

现在载入的是天空选区。

选择"选择\反向"命令将选区反
选，就是我们想要的地面选区了。

在图层面板的最下面单击创建新的调
整层图标，然后在弹出的菜单中选择曲线
命令，建立第二个曲线调整层，专门来做
地面的颜色。

在弹出的曲线面板中选择直接调整
工具，然后分别在山崖的亮点和暗点上按
住鼠标移动，亮点向上移动，暗点向下移
动，可以看到曲线上产生相应的控制点，
亮点抬起，暗点下压，曲线呈S形，地面
的反差提高了，山崖不再是灰蒙蒙的。

在曲线面板上打开通道下拉框，单击选择蓝色通道，然后将鼠标放在山崖亮处按住鼠标向下移动，可以看到曲线上产生相应的控制点，也向下压低曲线。这样做减少了蓝色，山崖的颜色开始偏黄绿色。

再次打开通道下拉框，单击选择绿色通道，然后将鼠标仍放在山崖亮处按住鼠标稍向下压，减少绿色。现在山崖的颜色符合我们理解的褐色了。

在曲线面板上再次打开通道下拉框，选择红色通道。

在山崖的亮调和暗调部分选择两个控制点，将亮点向上抬一点，暗点稍向下压，使曲线恢复原位，现在山崖的颜色看起来满意了。

在曲线面板上再次打开通道下拉框，选择RGB通道。

在RGB复合通道的白色曲线上再创建相应的控制点，然后适当调整各个控制点稍向上移，让山崖的影调亮起来，使反差达到满意。

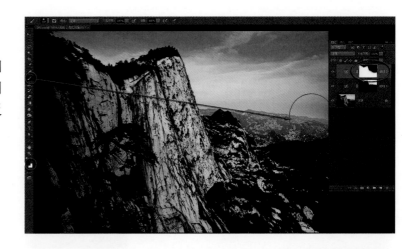

感觉图像右侧天地交界的地方的影调有些不舒服，我们为其作一些调整。在工具箱中选画笔，将前景色设置为黑，并设置较大的笔刷直径和最低的硬度参数。

打开图层面板，单击当前图层的蒙版图标，激活蒙版，然后用大画笔在天地交界处适当涂抹，使边缘虚化大一些，现在天地交界的地方看起来舒服了。

精细调整天空颜色

现在感觉天空的颜色还可以细化，云彩的颜色应该更白。

先把云彩的选区找出来。进入通道面板，分别观察红、绿、蓝通道，看到红色通道中天空的反差最大，云彩最明显。于是进入红色通道，在最下面单击将通道载入选区图标，红色通道中亮调选区载入了，看到蚂蚁线了。

在通道面板上单击最上面的RGB复合通道，回到复合通道，可以看到红、绿、蓝颜色通道同时都被选中了。

我不得不反复讲这一步回到RGB复合通道的操作，因为很多朋友在这里都会出错。他们没有单击在RGB通道上，而是单击了通道前面的眼睛图标，虽然这样也能看到彩色图像，但并没有打开红、绿、蓝颜色通道，以至于下面的操作无法继续。

回到图层面板，单击选择天空颜色调整层的蒙版图标，进入天空调整层的蒙版操作状态。

蚂蚁线还在。工具箱中前景色为黑。按Alt+Delete组合键在选区内填充黑色，看到蒙版中天空的灰度影调出来了。现在天空实际是一个亮度蒙版。

按Ctrl+D组合键取消选区。

由于蒙版的遮挡，白云不再受当前调整层的作用，白云恢复了原有的白色，而不是偏蓝色。

按说调整操作到此可以结束了，但感觉天空还可以再生动一些。

在图层面板的最下面单击创建新的调整层图标，然后在弹出的菜单中选择曲线命令，再建立第三个曲线调整层。

在弹出的曲线面板上选择直接调整工具，将鼠标放在图像中的蓝天里，按住鼠标向下移动，看到天空被压暗下来，整个图像也暗下来了。

在曲线面板中打开通道下拉框，选择蓝色通道。

将鼠标放在蓝天中稍向下压，看到蓝色暗下来了，天空的颜色真实了，满意了。

这个调整层是专门调整天空上半部分的。

在工具箱中选择渐变工具，设置前景色和背景色为默认的黑和白，上面选项栏中的渐变颜色为前景色到透明，渐变方式为线性渐变。

用渐变工具在图像中的天地交界处到蓝天斜向拉出渐变线。从蒙版中可以看到当前层蒙版遮挡的情况，地面和天空的下半部分都遮挡回来了。

最终效果

到此，调整就完成了。蓝天白云，山崖陡峭，苍松挺立，现在的片子颜色感觉很正，很舒服了。

这个实例用通道来控制调整颜色，很精细。如果用"色相/饱和度"命令来做这个色彩，效果远没有这么好，而且会产生明显的噪点，图像质量也会大大受损。

用通道来控制调整颜色，但应该从调整层来做，为的是直观、简捷、精细。

通道跳颜色就跳 10

颜色通道可以用曲线调整明暗，通过跳跃的曲线，甚至可以让颜色通道中的灰度影像跳跃，那么继而就是颜色也随之跳跃起来。RGB三个通道的颜色跳跃能够形成无数的奇特变化，几乎到了失控的程度。但是，这种色调分离式的颜色跳跃，也能给我们带来更绚丽的艺术特效。

准备图像

打开随书赠送"学习资源"中的10.jpg文件，这是在敦煌鸣沙山拍摄的一张普通照片。我们做色调分离效果，需要这种颜色块面比较整的片子。

我们还是用曲线调整层来做通道调整，为的是调整的效果更直观。

在图层面板的最下面单击创建新的调整层图标，然后在弹出的菜单中选择曲线命令，建立一个曲线调整层。

调整颜色通道曲线

在弹出的曲线面板中，打开通道下拉框，选择红色通道。

用曲线调整层中的通道选项来调整通道的曲线明暗关系，就是为了实时显示调整效果，更直观地看到曲线调整通道后的效果。

在红色通道中看到的是当前通道中红色分布的直方图。

在曲线上单击鼠标，建立两个控制点，然后尝试按这个直方图的大致起伏形式调整曲线，将一个控制点向上移动，大体放在直方图左侧的高点上，另一个控制点压到最低，曲线的走势与直方图大体相似。

现在看到画面中的颜色发生激变，红绿成了沙丘的明暗，蓝品成了天空和云彩。

再次打开曲线面板上的通道下拉框，选择绿色通道。再次在曲线上设置两个控制点，一个上移，一个下移。曲线的走势似乎与绿色通道的直方图很难相符，这也没有大问题，我们要的是直观的色彩。

现在看到画面中的沙丘颜色又变成了黄和深蓝紫色，整个明暗关系都颠倒了。天空颜色也变得魔幻一般。

继续在绿色通道曲线右侧再增加两个控制点，强行让曲线尽量符合直方图的形状。我们发现沙丘的颜色和天空的颜色变得光怪陆离。

让曲线跳跃是否要符合直方图的形状，我觉得不是必须的。我们要的是色彩分离的效果。

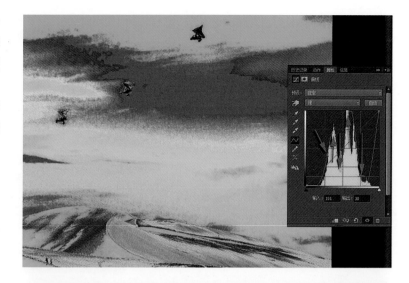

在曲线面板中再次打开通道下拉框，这次选择蓝色，看到这个蓝色直方图是两个并列的峰值。在曲线左侧建立两个控制点，上下移动，让曲线跟着直方图走，可以看到沙丘和天空的颜色又变了，已经不能用像什么来形容了。

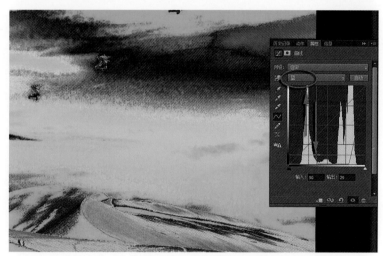

继续在曲线的右侧再增加两个控制点，并按照直方图的形状拉动曲线。因为现在是在蓝色的亮调部分做调整，所以看到图像中主要是天空的颜色再度发生变化。

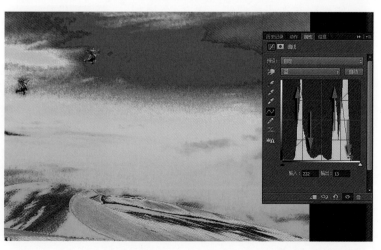

在曲线面板上打开通道下拉框，选择RGB明度通道。在这里，我们看到的是红、绿、蓝三条颜色曲线改变后跳跃的情况。根据这三条曲线跳跃的形状，我们是可以复原出图像中颜色变化的依据的。但是现在我们更感兴趣的是直观的颜色，并不太注意理论上的分析计算了。

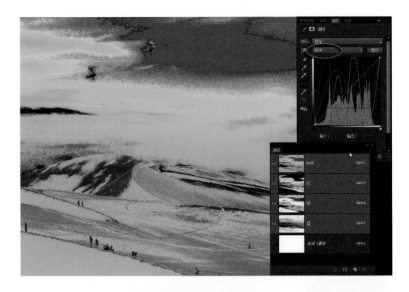

这时打开通道面板，进入某个颜色通道，可以看到当前通道中的灰度图像已经彻底被改变了。

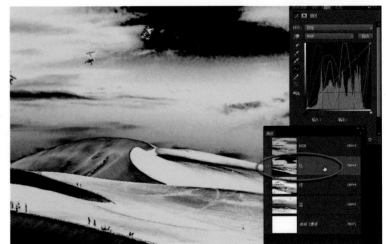

如果现在在明度曲线上建立4个控制点，上下交错移动，让明度曲线也跳跃起来，此时可以看到当前图像的色彩已经如同打翻了的颜料桶，图像中的物体形状都难以辨别了。

在曲线面板的下面单击返回初始状态图标，当前曲线中所有通道调整都被取消，曲线返回刚刚建立调整层时的初始状态，图像恢复原始模样。

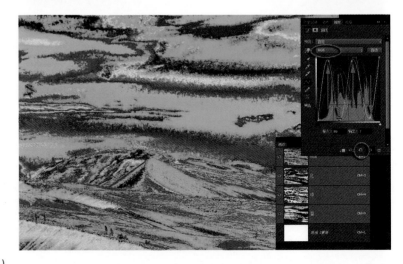

直接调整明度通道

现在我们重新来做。

我们已经明白了，调整通道曲线，改变通道明暗，就是改变通道颜色。实际上，只要改变明度通道，就可以达到让颜色跳起来的目的。

在当前明度通道左侧建立两个控制点，将一个向上移动，一个向下移动，可以看到图像中的颜色已经发生了奇异的变化。

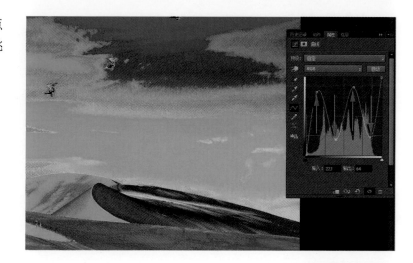

再继续增加两个点，让这4个控制点上下交错移动，使曲线呈波浪形上下跳跃，可以看到图像的颜色变化难以名状。

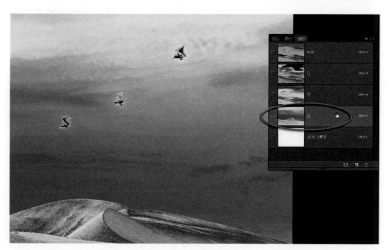

在通道面板中，任意进入一个通道，也可以看到明度曲线变化对于颜色通道的影响也是很明确的。正是由于明度变了，影响到了颜色通道的明暗变化，才影响到颜色的变化。由此可知，图像的明度变化是与颜色变化相关联的。

回到曲线面板。移动当前曲线上的4个控制点，可以看到图像颜色也会产生剧烈的变化。到底需要什么样的颜色效果，现在似乎连自己也晕了，那就看着图像中的颜色效果，一点一点移动各个控制点来做试验吧！

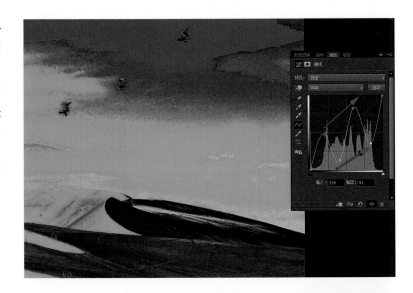

在曲线上删掉一个控制点，会使曲线形状产生明显的变化，当然也就同时使得图像的颜色发生明显的变化。这里没有一个固定的格式，完全看操作者自己的感觉和喜好了。

再次打开曲线面板上的通道下拉框，选择进入某个颜色通道。继续调整颜色通道的曲线，图像又发生了奇异的变化。现在已经没有了规矩，各种颜色效果的出现甚至是自己意想不到的了。

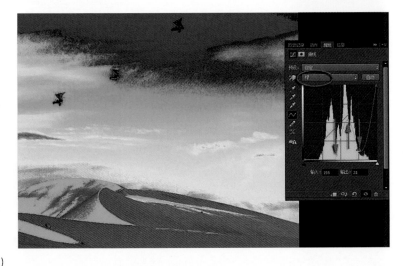

现在这个效果是怎么调出来的，看曲线面板上的红、绿、蓝三条曲线的形状和明度曲线的形状就知道了。但即便是模仿着设置这些曲线的形状，也不一定能完全准确地调成这个颜色效果，因为各个控制点的毫厘之差，就会使颜色大相径庭。我自己可能都难以重复这个效果，而这恰恰是曲线跳跃调整颜色的有趣之处，每一种颜色效果几乎是唯一的。

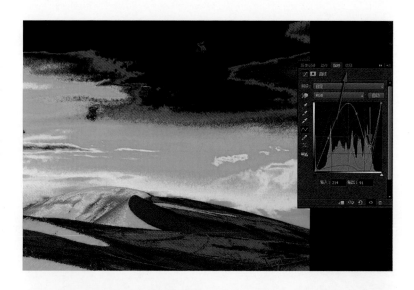

最终效果

最终效果不管是什么样的，都是您自己创作的效果，而这些效果似乎是一种超现实的、梦幻的意境。这都是可以反复尝试的，不要把它看作是荒谬的，其实仔细研究计算，每一个像素颜色都是可以推演出来的。

实际上，这个实例还是为了说明，通道曲线的跳跃会使颜色跳跃。通道灰度关系的非常规改变，就会产生颜色的离奇变幻。说到底，改变通道就是改变颜色。至于怎么改变通道，想要得到什么样的颜色效果，这就看您自己的灵感了。

中性灰原理与校正偏色操作 11

 中性灰是校正偏色的基本原则，中性灰原理是有严格的科学依据的，是符合光学原理的。因此，了解和掌握中性灰的基本原理，对于我们校正照片的偏色，有着非常重要的意义。但是，中性灰校正偏色是一个基本原则，不是教条。在具体的校正偏色的实际操作中，还有很多需要注意的问题。

 光线照射在物体上，物体反射一部分光线，我们就看到了物体，看到了颜色。在正常光线照射下，当物体反射的红、绿、蓝三原色光线都相等的时候，我们看到的物体颜色就是黑白灰。由此可知，黑、白、灰的物体在照片中其RGB等值，这就是中性灰。根据照片中黑白灰物体的RGB参数值，就可以判断照片是否偏色，偏什么色。R=G=B是中性灰的基本原理。

 这个实例练习中，操作的步骤不多，但要思考的问题比较多。

准备图像

 打开随书赠送"学习资源"中的11.jpg文件。

 我临时拍了这张照片，用来做中性灰讲解的实例。照片有意安排了红、绿、蓝、黄四种颜色，有意使用了白色的磁盘。尽管颜色不是很纯，但基本能说明问题了，这是我们做颜色试验的基本颜色。

设置颜色取样点

 我们先来在图像中设置所需的颜色取样点。

 在工具箱中按住吸管工具图标，然后在弹出的工具列表中选择颜色取样器工具，用这个工具来设置最多4个所需的颜色取样点。

按F8键打开信息面板。

将鼠标放在图像中红色的彩椒上移动，观察信息面板上的RGB参数，寻找一个R参数值最高，G和B参数值最低的地方单击鼠标。这就算是图像中最红的地方了。

将鼠标放在绿色的彩椒上移动，寻找一个G参数值最高，而R和B参数值相对较低的地方单击鼠标。尽管看上去这是绿色的，但实际上里面有一定的红色，这样会使彩椒的绿色偏黄一点。

将鼠标放在黄色的彩椒上移动，寻找一个R值和G值最高，B值最低的地方单击鼠标，这就是最黄的地方了。

将鼠标放在蓝色的衬布上移动，尽量找到一个B值最高，R值和G值比较低的地方单击鼠标。这个图中没有纯蓝色。

另外，还要在白色的盘子上寻找一个最合适的点，这个点的RGB三个参数值要基本相等。尽管盘子看起来是白色的，但是要真正找到这个需要的点并不容易，因为彩色物体的反射会影响到白色的本色。靠近黄色物体的地方，白盘子的颜色参数中R值和G值会偏高。终于在白盘子的右侧找到了一个合适的区域，这里的RGB参数值基本相等，这就是图像中准确的中性灰点。

因为最多只能建立4个取样点，而我们必须保留那个最重要的中性灰点，因此需要舍去一个彩色取样点。

将鼠标放在刚才建立的蓝色取样点上，可以看到鼠标变成了移动工具。按住第4个取样点，将其移动到白色盘子中RGB等值的中性灰点上。

改变光线明暗

选择"图像\调整\色阶"命令，在弹出的色阶对话框中将中间灰滑标向左移动，看到图像变亮了。这是模拟光线增强的效果，照片显得过曝了。

观察信息面板，可以看到4组参数的变化。RGB参数中凡是达到255和0极值的都无法再变了，其他数据都随着图像变亮而增高数值。注意这些增高数值并非等值，也就是说色彩是有改变的。但是中性灰参数是等值增加的，仍然保持了标准的中性灰。

将色阶对话框中的中间灰滑标向右移动，看到图像变暗了。这是模拟光线减弱的效果。

观察信息面板，可以看到4组参数中，除了RGB参数达到255和0极值的没有变，其他参数都降低了。值得注意的是，降低的参数中，按照比例计算，本色参数降幅比外色要小。例如，绿色彩椒中G值下降远比R值和B值要低。这种情况，一方面说明欠曝时色彩会有变化，另一方面说明欠曝时色彩饱和度要高。

欠曝时中性灰的参数值仍然是等值降低的，中性灰点仍然不变。

这一步练习试验告诉我们：在正常光线照射下，光线的强弱不会改变中性灰，也就是说不会偏色。

单击"取消"按钮退出色阶操作。

改变光线色彩

选择"图像\调整\色彩平衡"命令，打开色彩平衡对话框。

将第一个滑标向右移动，第三个滑标向左移动，这样就在图像中增加了红色，减少了蓝色，相当于照射了橙色的暖光，整个环境似乎笼罩在暖融融的灯光下。

4组取样点数据中，值得注意的是中性灰点的参数值，原来的平衡被打破了。R值增加了，B值降低了，这个原来的白盘子已经不是标准的中性灰白色了。也就是说，这张照片开始偏色了。

我们现在只是做试验，只在色彩平衡命令上对中间调调整了两个滑标，这与实际拍摄时的偏色还不一样，因为实际拍摄中的情况还会更复杂，阴影和高光中的参数也会有变化。

有的朋友认为，现在这种光线的色调也挺好的，何必非要让中性灰点的RGB等值？这是关于艺术表现的问题，与我们现在讨论的中性灰科学标准不是一回事。

现在将色彩平衡对话框中的第一个滑标向左移动，第三个滑标向右移动，这样就在图像中减少了红色，增加了蓝色，相当于在阴天环境中，还照射了冷光源，图像中蓝色衬布的效果尤其明显。

值得注意的仍然是中性灰的这组数据，R值降低了，B值升高了，原来的RGB等值被打破了。现在感觉白色的盘子好像更白了，其实是白色开始偏青了。照片又开始整体偏色了。

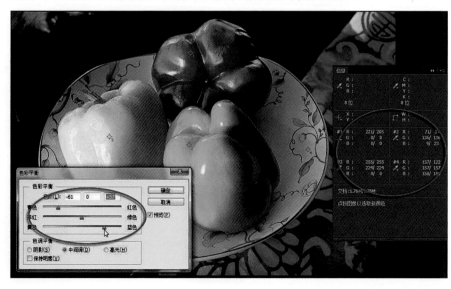

还可以继续尝试各种颜色的组合变化。

比如第一个滑标向右增加红色，第二个滑标向左减少绿色，第三个滑标回0。这就为照片增加了一种品红色，在现实中这样的光线大概很少遇到，但是在舞台艺术灯光照射下，这就很常见了。

这时观察信息面板，看到原本RGB等值的中性灰点参数，也准确表现了红加、绿减、蓝不动的参数变化。

舞台灯光是有意用各种颜色灯光制造的特殊彩色效果，还有必要做校正颜色吗？这是一个有争议的问题，后面另有实例讲述。

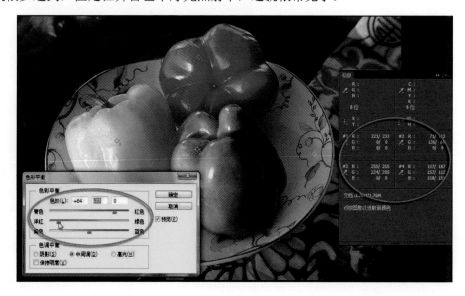

中性灰的用处

通过前面的讲解，我们已经了解了中性灰在不同光线下的变化。

现在我们来看中性灰的用处。

将第一、第三个滑标复位回0，将第二个滑标向右移动，图像增加了绿色。在信息面板的中性灰取样点上可以看到明确的数据显示。

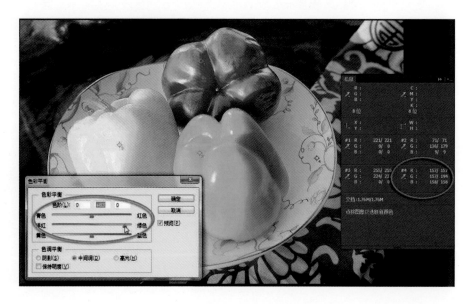

再将第二个滑标向左大幅度移动，可以看到图像减少了绿色，也就是增加了品色，图像色调明显开始偏品。信息面板的中性灰取样点参数也证明了这一点。

按"确定"按钮退出色彩平衡对话框。

既然图像色调偏品，图像中的中性灰取样点的参数告诉我们G值比R和B值低，那就可以判断这个图像中缺少绿色。

选择"图像\调整\曲线"命令，然后在弹出的曲线对话框中打开颜色下拉框，选择绿色通道。

用鼠标在白色盘子的取样点处按下鼠标，可以看到曲线上出现对应的控制点，用鼠标将这个点按住向上移动，抬起曲线，同时观察信息面板，可以看到G值逐渐增加，直到RGB三个参数基本相等。

偏色已经校正过来了，按"确定"按钮退出。

有的朋友会说，校正偏色后的图像与原片相比还是有差异。关于这个问题我们在后面的实例中再探讨。

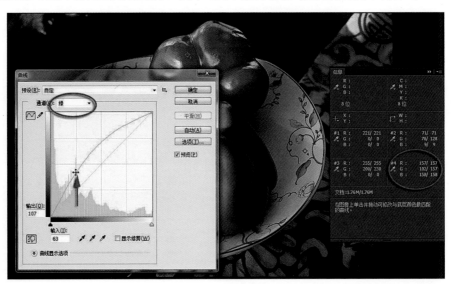

要点与提示

在实际拍摄中，或者由于光线不是真正的白光，或者由于当时环境反射颜色的影响，或者由于相机白平衡设置的关系，很多原因都可能造成照片偏色。所谓偏色，就是照片中某种颜色的光线多了，或者少了。

被摄物体中，原本为黑白灰的物体，在正常光线照射下，其**RGB**参数必然等值。黑色物体在强光照射下可能不是纯黑，白色物体在弱光照射下肯定不是纯白。这些都可以视为黑白灰的物体，它们的**RGB**参数如果不等值，则可以判断肯定偏色了，什么值高就是多了什么色，什么值低就是少了什么色。

中性灰的基本原则就是：

R=G=B

这是判断照片是否偏色的科学依据。

用中性灰校正偏色 12

中性灰是RGB色彩模式中建立色彩平衡关系的基本原则。在校正偏色的操作中，运用中性灰是非常方便有效的。但是，中性灰是一个大原则，是校正偏色操作中的理论依据，而不是教条，不要钻牛角尖。我们在校正偏色的具体操作中，要按照中性灰的理论来思考问题，按照中性灰的方法来操作，但在具体做法中，到底以哪个点为中性灰点，这又有很大的空间范围和灵活多变的做法。

准备图像

打开随书赠送"学习资源"中的12.jpg文件。

这是一张舞台剧照。舞台演出时没有自然光，都是人造灯光。舞台人造灯光的色温是根据剧情的需要而不断变化的，是为了烘托气氛而有意偏色的。

但很多片子脱离演出现场来观看，还是需要做校正偏色处理的。

寻找中性灰点

在图层面板的最下面单击创建新的调整层图标，然后在弹出的菜单中选择曲线命令，建立一个曲线调整层。

我们用曲线命令来做中性灰校正偏色。

按照中性灰的原理，图像中原本为黑白灰的物体都可以作为中性灰的基准点。

在弹出的曲线面板中选择灰色吸管。根据我们已有的知识可知，京剧演员的厚底靴应该是白色的。用灰色吸管单击白色的靴底，却发现图像变成了蓝色。再观察曲线，看到蓝色大幅度提高，红色大幅度降低。这时打开通道面板可以看到，红色通道几乎变成了全黑，而蓝色通道几乎变成了全白。

即使是在其他白色的厚底靴处用灰吸管单击，图像也大多偏蓝，只是程度不同罢了。这主要是由于这里的白色亮度过高，按照这个色阶值来平衡RGB的关系已经做不到了。

根据自己的经验判断，左边武将的铠甲服装上亮调的地方也应该为白色，但是在铠甲戏装的亮调位置用灰吸管单击后，图像的颜色还是不对。看来这个经验判断并不准确，单击的地方不是白色或者灰色。

感觉那武将使用的兵器应该是灰色的，但是在那大刀上单击鼠标，颜色却偏青绿了。因为这个兵器受到环境光线的反光影响，在红色衣服的映射下反射红光。用灰吸管单击后，大量的减少红，而增加蓝和绿，因此图像整体就偏青了。

也就是说，选择的中性灰点要避开环境反射颜色的影响。

继续寻找中性灰点。

根据我们已有的知识可知，京剧演员的厚底靴的上边是黑色的。用灰吸管在鞋的黑色地方单击鼠标，发现图像的偏色得到较好的校正。在曲线面板中，可以看到蓝色有所增加，红色有所减少。整个图像的颜色感觉比较舒服。

再来寻找更满意的中性灰点。

武将的髯口是黑色，用灰吸管单击髯口胡须，看到图像校正偏色的效果也基本令人满意。再单击其他黑色的地方，校正偏色的效果都比较满意。由此可知，选择比较暗的黑白灰物体作为中性灰点效果比较好。这是因为暗调的平衡调整空间比亮调地方要大。

精细微调颜色

中性灰是校正偏色的大原则，但不是教条。按照中性灰的原则对图像偏色做了基本校正后，还可以按照自己的喜好对具体颜色做微调。

在图层面板的最下面单击创建新的调整层图标，在弹出的菜单中选择"色相\饱和度"命令，建立一个"色相\饱和度"调整层。

在弹出的"色相\饱和度"面板中选择直接调整工具，然后将鼠标放在蓝色天幕上，按住鼠标向右移动，可以看到颜色通道自动进入蓝色，饱和度相应提高了。

感觉图像中黄色的饱和度偏高。将鼠标放在人物脸部黄色的位置，按住鼠标向左移动，看到颜色通道自动进入黄色，饱和度参数向左移动，饱和度降低了。再将明度参数稍向右移动一点，黄色显得不那么太耀眼了。

更精细的颜色调整还是要在通道中来做。

在图层面板上双击刚才建立的曲线调整层中的曲线图标，再次打开刚才建立的曲线面板。

打开通道下拉框，选择红色通道。在红色曲线上建立两个控制点，然后将右上方亮调的控制点稍向下压，再将左下方暗调的控制点适当抬起。这样做是让图像中的亮红色稍压暗，而暗红色保持不变，为的是让图像中人物脸部的红色减弱，而衣服的红色保持不变。

再次打开曲线面板中的通道下拉框，选择绿色。同样在绿色曲线上建立两个控制点，然后将右上方亮调的控制点稍向下压，再将左下方暗调的控制点适当抬起。这样做是让图像中的红绿比例保持不变，以确保黄色正常。

再次打开曲线面板中的通道下拉框，选择蓝色。从蓝色的直方图中可以看到，图像中的蓝色主要集中在暗调部分。在蓝色曲线的左下方暗调部分建立一个控制点，将这个点适当向上移动，看到图像中的蓝色明显增加了，天幕背景的颜色舒服多了。

最后适当调整片子的整体影调。

在曲线面板中再次打开通道下拉框，选择RGB通道，然后在曲线上建立两个控制点，将右上方的亮调控制点稍向上移动，左下方的暗调控制点稍向下移动，可以看到片子的反差有所提高，这样一来片子看起来很醒目了。

要点与提示

　　这个实例是按照中性灰原理校正偏色的典型实例。前半部分是校正偏色，后半部分是对各种颜色的微调，最精细的微调也是在通道中完成的。

　　我们反复强调，中性灰是科学的，是校正偏色的大原则。但是也不能把中性灰教条，有的人把中性灰参数要求到毫厘不差，就过于钻牛角尖了。科学与艺术的结合有一个宽度范围，这不是一个绝对参数，而是一个大原则。所以我们在这个实例中，先按照中性灰原则做校正偏色，然后又按照自己的喜好做颜色的微调。

什么叫大片

　　"大片"是我们摄影人经常挂在嘴边的词，看到一些非常漂亮的照片时，我们总习惯称之为"大片"。这里，我们除去突发重大事件的纪实新闻片不论，仅仅以大多数摄影爱好者拍摄的最多的风光、民俗、人像、旅游、花鸟类的片子来说，究竟什么样的照片能够称得上是大片，我认为有三个要点。

　　首先，画面精美。大片的画面能够给人以视觉上的震撼，让观赏者眼前一亮。这样的片子，其画面的美感非常强烈，画面的构成与构图关系到位，影调与色调漂亮，层次控制精准，从画面的美学意义上讲是很好的、很有讲头的片子。绝大多数片子的影调层次非常细腻，当然也有追求简化层次的硬调子。绝大多数片子色彩还原准确，运用色彩关系非常讲究，当然也有追求特殊色调的效果。绝大多数片子的清晰度极高，再小景深的片子也要有清晰点，特殊环境中拍虚了另当别论。这里也包括一个视角独特，大片的摄影人往往下功夫找到一个不同寻常的视角，这不是怪癖，而是更充分地表现画面美学的需要。真要把这个问题说全面，大概需要很长的篇幅。总之，大片要吸引眼球，过目不忘，看了还想再看。画面好看，实际看的是大片的美学内涵。

　　其次，机会难得。大片所展现的应该是普通环境中的罕见瞬间，应该是绝大多数人都难得一见的场景。如云蒸霞蔚的日出日落、阴晴雨雪的大漠高山、欢歌笑语的佳节集市、生活平静的普通百姓、浓妆艳抹的模特美女、毫发毕现的花鸟虫鱼……这样的瞬间和场景是需要摄影人以自己的执着和心血、汗水的付出换来的。当然，也是需要一点运气的，但是偶然的获得，一定要有长期辛勤追求的扎实基础。漫无目标地撞大运的成功几率太低了。为了抓到一个难得的镜头，摄影人往往需要做大量的功课，先拍摄很多次，然后靠知天文、识地理、懂民俗、谐民意、守行规、通专业，才能抓到那稍纵即逝的精彩瞬间。不懈努力追求是获得大片的职业行动要求。

　　最后，技艺高超。大片的拍摄应该体现很高的技术含量，在光圈速度的组合上，体现出有意识的景深和虚实控制技术；在影调和层次上，达到全色阶的细腻和完整；在色彩和色调的表现上，做到准确还原与个人倾向有一个舒适的结合。另外还有一个巧妙使用不同焦段镜头的问题，因为在同一个场景中使用不同的镜头，所表现的画面语言是完全不同的。高技术含量的片子是从画面中就能看得出来的，也可以从照片文件的EXIF信息中读出来一些。而这些恰恰是摄影人高人一筹的地方，是不求甚解的人用P档达不到的效果。因此，对于摄影技术的刻苦钻研、精益求精是让我们能够拍出大片的技术保障。

　　我个人认为，能达到上述之一点者，就已经可以称得上是好片子了。真能达到三点都好，确实很不容易。我们喜欢摄影，就向着这三点不断努力，不断追求，即便达不到满分，也能向着这个目标逐渐接近。

认识Alpha通道 13

Alpha通道是操作者在通道中自行建立的专用通道。Alpha通道的功用就是选区，操作者就是在Alpha通道中按照自己的需要来建立、存储、调取选区。在Alpha通道中建立的选区，远比用其他工具和命令建立的选区要精准，要细腻，要稳定。Alpha通道的道理与蒙版的道理是完全一样的，会蒙版就会操作使用Alpha通道。

准备图像

打开随书赠送"学习资源"中的13.jpg文件。

这个实例是学习Alpha通道的操作，其实什么照片都无所谓了。

建立Alpha通道

打开通道面板。

现有的通道是RGB复合通道和红、绿、蓝三个颜色通道。

在通道面板的最下面单击创建新通道图标，可以看到在红、绿、蓝颜色通道的下面出现了新建的Alpha 1通道。

如果继续单击创建新通道图标，就会继续产生相应的Alpha 2、Alpha3等新通道。

新建的通道中什么都没有，是全黑的。

在工具箱中选图形工具，并在上面的选项栏中设置模式为"像素"，然后打开图形库，选一个所需的图形。这里选择画框图形，其他参数保持默认。

将前景色设置为白。

在图像中从左上角按住鼠标拉到右下角，看到图像中出现了一个画框。

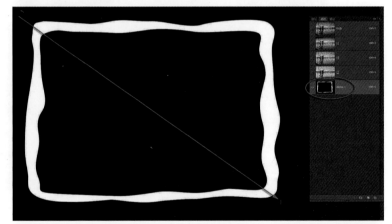

通道与蒙版的概念是完全一样的，在通道中白色也是表示选区之内，黑色也是表示选区之外。白色表示有，黑色表示无。

在通道面板的最下面单击"将通道作为选区载入"图标，即载入通道，可以看到白色区域都是蚂蚁线选区了。

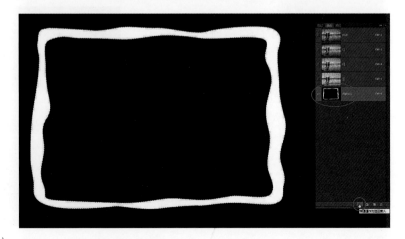

现在单击通道面板最上面的RGB复合通道，看到RGB复合通道和红、绿、蓝三个颜色通道都处于被选中打开的状态。看到彩色图像了，退出Alpha 1通道了。

在图层中操作

选区蚂蚁线还在。

回到图层面板，利用从通道中调取的选区来做个效果。

选择"图层\新建\通过拷贝的图层"命令，或者按Ctrl+J组合键，可以看到图层面板上产生了一个新图层。

在图层面板上单击背景层前面的眼睛图标，将背景层关闭，可以看到当前图层1的图像。原来是将背景层选区内的图像拷贝复制成为一个新的图层了。

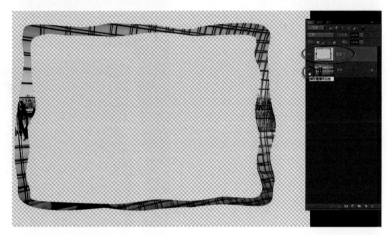

在图层面板的最下面单击图层样式图标，在弹出的菜单中选择外发光命令。

在弹出的图层样式对话框中，左边目录当前处于外发光界面。调整各项发光的参数，主要是发光的颜色、大小，隐约看到图像的边缘发光了，满意了就单击"确定"按钮退出。

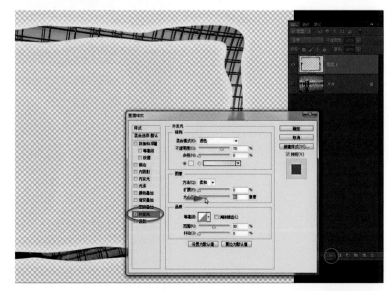

没有图像的衬托就看不清外发光的效果。

在图层面板中单击背景层前面的眼睛图标，打开背景层图像。在背景层的映衬下，看到了当前层图像的外发光效果。

这个效果并不重要，我们还是回到通道中继续做自己的Alpha通道吧。

在通道中增减选区

回到通道面板，单击Alpha 1通道将其激活，然后用鼠标按住Alpha 1通道拖到通道面板下面的创建新通道图标上，将当前的Alpha 1通道复制一个，可以看到新产生了一个Alpha 1副本通道。

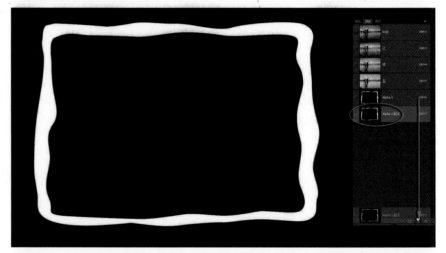

通道中的图像就是选区，是可以随意修改的。

在工具箱中选画笔，并在上面的选项栏中设置合适的笔刷直径和硬度参数。前景色为白，可以在图像中任意描画所需的图形；前景色为黑，可以在图像中随意抹掉不需要的白。与蒙版概念一样，白色是增加选区，黑色是减少选区。

涂抹描画满意了，再次单击通道面板最下面的载入通道图标，再次载入选区，看到蚂蚁线了。

再次单击通道面板最上面的复合通道，看到三个颜色通道也打开了，看到彩色图像了。

回到图层面板。将上面的画框效果图层关闭，单击指定背景层为当前层。

再次按Ctrl+J组合键，重复"通过拷贝的图层"操作，将背景层中选区内的图像拷贝复制成为一个新的图层 2。关闭背景层的显示，可以看到当前层的图像，就是刚才在Alpha 2通道中描画的图像选区。

这一步试验说明了Alpha通道中的选区是可以随意修改的。

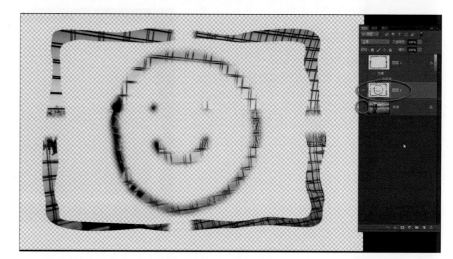

通道中的灰度

再次回到通道面板，再次将Alpha 1通道复制一个成为Alpha 1副本2通道。

在工具箱中选魔棒，用魔棒在画框中单击，将画框内的黑色区域都选中，看到蚂蚁线了。

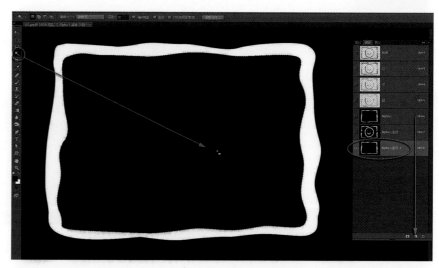

在工具箱中选渐变工具，将前景色和背景色设置为默认的黑与白，并在上面的选项栏中，设置渐变颜色为前景色到背景色，渐变方式为线性渐变。

用渐变工具在选区内从上到下，从白到黑拉出渐变线，可以看到选区内被填充了黑白渐变。

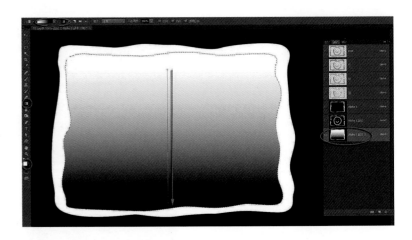

在通道面板的最下面单击载入通道图标，将当前通道中的选区载入，看到蚂蚁线了。但是发现除了白色区域有蚂蚁线之外，灰度渐变区域只有亮调的一半被选中，而暗调的一半是在选区之外。这将是什么效果呢？

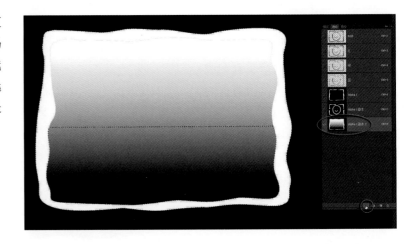

先在通道面板单击最上面的RGB复合通道，打开所有颜色通道，看到彩色图像了。

回到图层面板。关闭上面的两个效果层，单击指定背景层为当前层。蚂蚁线还在。

再次按Ctrl+J组合键，重复"通过拷贝的图层"操作，将背景层中选区内的图像拷贝复制成为一个新的图层 3，同时关闭背景层。

可以发现，刚才用黑白渐变建立的选区居然是逐渐变化的半透明选区。在通道中白色地方为选区之内，黑色地方为选区之外，而灰色是随着其明度的高低，而成为不同程度的半透明选区。

要点与提示

这个实例让我们学会了如何建立自己的Alpha通道，懂得了在Alpha通道中白色表示选区之内，黑色表示选区之外，而灰色表示半透明。灰度越亮表示选区越实，灰度越暗表示选区越虚。半透明的选区在某些时候非常重要，而这种半透明的选区需要在通道中实现。

Alpha通道是专门用来制作、存储、调取选区的。Alpha通道中，选区内外的原理与蒙版中的原理是完全相同的。Alpha通道的建立、移动、复制、删除等基本操作，与图层的基本操作是完全一样的。

熟练掌握Alpha通道的操作，对于以后灵活地运用各种选区有很高的实用价值。

在通道中存储选区 14

在图像中有时候需要建立所需的选区，为了以后能够反复使用这个选区，就需要将这个好不容易才建立起来的选区妥善保存。那么，保存选区最可靠的方法，就是将选区存到通道中，用通道中的Alpha通道来保存各种选区，是我们应该掌握的通道基本操作技能之一。

准备图像

打开随书赠送"学习资源"中的14.jpg文件。

我们可能需要将一个建筑、一个产品、一个人，或者一个物件抠出来，就是建立一个精准的选区。

现在我们尝试将这辆汽车的图像抠出来，准备替换各种更好看的背景。

这个抠图包括两个部分，一个是汽车，一个是汽车在地面的投影。

蒙版抠图

汽车的外形很规整，熟悉Photoshop的朋友可能会说用路径做抠图。但是绝大多数摄影的朋友并不熟悉路径的操作，所以我们选择用蒙版的方法来做抠图，这种方法非常简便易行。

打开图层面板，在背景层上双击鼠标，弹出"新建图层"对话框，里面各项参数都不改，直接单击"确定"按钮退出。

可以看到背景层变成了图层0。因为背景层是不能设置蒙版的，所以要将背景层转变为普通图层。

图层0就是普通图层了。在图层面板的最下面单击建立新的图层蒙版图标，可以看到在当前层的后面新增了一个图层蒙版。

在工具箱中选画笔，将前景色设置为黑。在图层面板上确认蒙版是选中激活状态。

用黑色画笔在图像中涂抹，可以看到被涂抹地方的图像没有了，呈现灰白相间的小方格，这样的小方格在Photoshop中表示透明。也就是说，被涂抹的地方是没有图像的。在图层蒙版中可以看到涂抹的地方是黑色的。

在工具箱中选放大镜工具，将图像放大到足够大。

重新选择画笔工具。在图像中单击右键，弹出当前工具选项面板，设置较小的笔刷直径，并设置约85%的硬度参数。

尽管汽车的边缘是非常清晰的，但也不能设置为100%的硬度，因为边缘太清晰了，将来替换背景就会像硬贴上去的。

用黑色画笔沿着汽车的边缘仔细涂抹。

涂抹的技巧是：左手按住Shift键，右手的鼠标沿着汽车的边缘点着走。注意不要按住鼠标拖着走，因为你很难描画得非常准确。按住Shift键，用鼠标点着走，就在两点之间成一条直线。连点成线，连线成形，直到沿着汽车边缘走完一圈。

画笔走到图像的边缘时需要移动图像，松开Shift键，按住空格键，工具临时变成了抓手，用鼠标按住图像直接移动到合适位置。再松开空格键，继续按住Shift键，重新恢复到当前使用的画笔工具，继续画吧！

用小直径的画笔沿着汽车的边缘画完一遍后，在图像中单击右键，再次打开画笔选项面板，加大画笔直径参数，用大一些直径的画笔再沿着刚才画的边缘走一遍，把涂抹的汽车边缘加粗了。

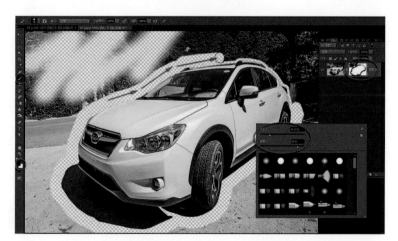

若某个地方不慎涂抹出界了，也不必懊丧。如果只涂抹了一笔错误，就按Ctrl+Z组合键后退一步。

如果已经涂抹了不止一笔，那靠Ctrl+Z就不行了，因为Photoshop中的后退只能退一步。按住Alt+Ctrl组合键，然后连续点按Z键，可以连续后退20步。

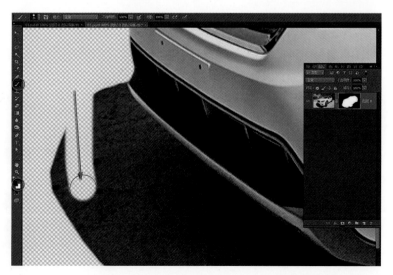

这个快捷键操作不容易记住,我们干脆在工具箱中设置前景色为白,然后将刚才涂抹错的地方再涂抹回来就是了。

黑色是去除,白色是保留。要牢牢记住这一点。

汽车的边缘都处理好了,再次设置更大的笔刷直径,将汽车之外的背景全部涂抹掉。

现在图像中只有需要保留的汽车和投影,其他背景都涂抹掉了。

现在需要将保留的图像作为选区提取出来。按住Ctrl键,用鼠标单击图层面板上当前层的蒙版图标,可以看到蚂蚁线选区了。

用Alpha通道存储选区

打开通道面板，可以看到在常规的复合通道和红、绿、蓝通道的下面，已经有一个记录蒙版的通道。

蚂蚁线还在。单击"将选区存储为通道"图标，可以看到当前选区被存储为一个新的Alpha 1通道，选区内为白，选区外为黑。

这样就将刚才建立的选区存储到通道中了。注意，这与上面的图层 0蒙版不是一个概念。

单击Alpha 1通道将其选中，然后用放大镜将图像放大，仔细检查通道中的情况，可以看到在汽车的边缘还有一些地方留有白或者灰的痕迹，说明刚才涂抹的有些不到位。

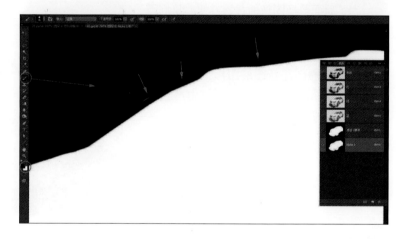

在工具箱中选画笔，设置前景色为黑，并在上面的选项栏中设置合适的笔刷直径和硬度参数，将不应该有的留白痕迹都一一擦除。这样就确保了汽车图像选区的准确。

处理好当前通道后，在通道面板的最上面单击RGB复合通道，可以看到复合通道和红、绿、蓝三个颜色通道都处于选中状态了，图像也恢复彩色了。

再次打开图层面板。

按住Shift键，用鼠标单击当前图层上的蒙版图标，可以看到蒙版上出现一个红色×，蒙版被临时关闭，看到原图了。从这里可以查看建立的选区是否精确，原图还有什么是需要的。

用鼠标单击蒙版图标中的红色×，蒙版被重新打开。

再做一个存储选区

为了后面替换图像的背景方便，我们需要将汽车在地面的投影单独做一个选区。

在图层面板上将当前的图层 0用鼠标拖曳到下面的创建新图层图标上，将当前层复制一个，可以看到图层面板中产生了一个新的图层 0副本。

在图层面板中单击当前图层的蒙版图标，激活蒙版。

在工具箱中选画笔，设置前景色为黑，并在上面的选项栏中设置合适的笔刷直径和较高的硬度参数。

用黑色画笔将图像中的汽车涂抹掉。

精细的地方，还是要将图像放大，将笔刷直径缩小，然后按住Shift键，用鼠标沿着汽车图像的边缘点着鼠标走。

最终是将汽车图像完全擦除，只保留汽车的投影。

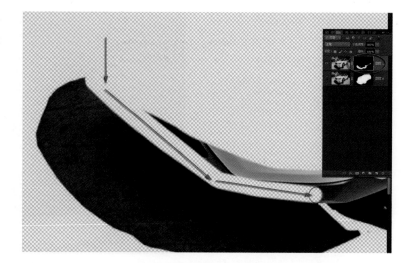

如果想观察一下在蒙版中擦除得是否精确，可以按住Alt键，用鼠标单击当前层的蒙版图标，可以看到当前蒙版的全部情况。

这就是临时观察蒙版的方法。

看到还有很多地方涂抹得不够干净。继续用合适的画笔做涂抹，直到与汽车投影的区域完全相符了。

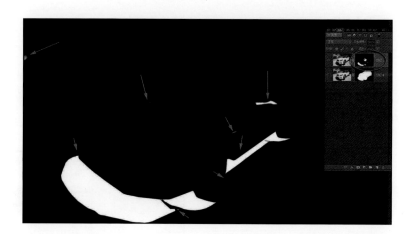

按住Ctrl键，用鼠标单击当前蒙版图标，再次将当前蒙版选区载入，看到蚂蚁线了。

选择"选择\存储选区"命令，在弹出的存储选区面板中，各项参数保持默认，直接单击"确定"按钮退出。

这个存储选区到通道的方法与前面所做的效果是相同的，只是每个操作者习惯不同罢了。

再次打开通道面板，可以看到刚才处理的汽车投影选区已经存储为Alpha 2通道。

我们需要一个汽车选区，一个汽车投影选区。如果分别做这两个选区，中间拼接很难对齐。现在做了一个大的选区，一个小的选区，将来用减法得到所需的汽车选区，这样可以确保中间拼接准确。

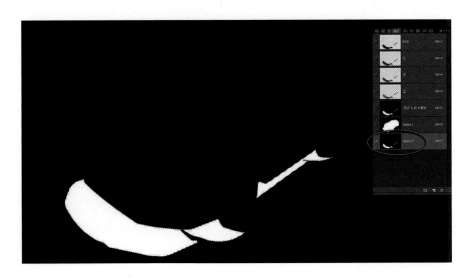

要点与提示

我们在这个实例中用不同的方法将图像中的选区存入通道，为以后反复调用这些选区做好了准备。

将选区存储在通道中，这是非常必要的操作流程，也是Alpha通道的基本功能。

选择"文件\存储"命令，再选择好存储的路径、目录，将当前处理的图像存储为PSD格式的文件。下一个实例中，将用这个您亲手建立的选区来做背景图的替换。

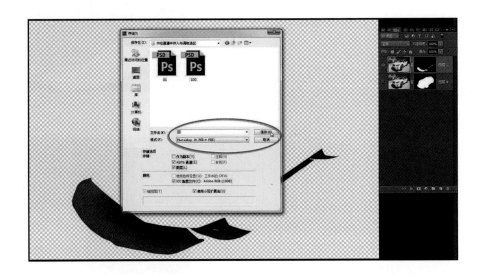

　　我在本书的前言中已经说明白了，通道就是两大功用，一个是保存与改变颜色，一个是制作与使用选区。记住这两点，就抓住了通道的最本质、最核心、最关键的东西。

　　我想，学习通道技术可以分成两个部分，也就可以分两步走，一个是颜色的调整控制，一个是选区的制作调取。

　　就我们数码照片最常用的RGB色彩模式来说，颜色就存在于通道的红、绿、蓝三个单色通道中。每个通道中的灰度图像就是当前图像中这个颜色的多少和分布状况。调亮通道就是在图像中增加这个颜色，压暗通道就是减少这个颜色。说起来挺简单的，做起来也不难，但是真要做出自己满意的图像颜色效果来就难了。因为颜色的控制涉及RGB的色彩构成关系，我们数码照片中所有的颜色都是由RGB红绿蓝三色组合而成的，这是通道颜色的根基。如果你需要某一种深黄色，知道应该使用多少红和绿和蓝来搭配吗？能做到这一点，才能熟练地掌控颜色通道的控制。

　　就我们在通道中制作、建立、存储选区的操作技术来说，实际上与蒙版的操作技术是一致的。只不过蒙版是放在图层中的，而通道的选区是放在Alpha通道中，所谓Alpha通道，就跟我们建立一个新图层一样，只不过是建立在通道中了。换一种思维方式，可以把每一个Alpha通道看成是一个单独的图层，会图层操作，就会Alpha通道操作。在每一个Alpha通道中都保存一个特制的选区，这个选区就是一个灰度图像。选区之外就是黑色，选区之内就是白色，而灰色就是选中了一层半透明，半透明的程度随着灰度深浅的不同而不同。通道是从Photoshop一开始就有的，而蒙版是Photoshop发展到一定阶段才出现的技术，蒙版的出现比通道要晚得多。我个人认为，蒙版已经可以完全替代Alpha通道了。所有蒙版操作与Alpha通道操作是一样的，理解了这一点，对于透彻理解蒙版也是有好处的。说穿了，无非是将一个选区存放在Alpha通道中还是存放在蒙版中的事儿。

　　需要说明的一点是，带有Alpha通道的文件与带有图层蒙版的文件一样，不能存储为数码照片通用的JPG格式，还是存储为Photoshop的自身格式PSD文件为好，这样便于下次打开图像能反复编辑。

　　至于您觉得先学颜色调整控制，还是先学选区的制作调取，也就是先学本书的第二章还是第三章，我觉得无所谓。就如同您要上台阶，先迈左脚还是先迈右脚，随您吧。

在通道中调取选区 15

当我们精心制作的选区存储在通道中以后，就可以根据需要随时调取这些选区了。调取这些通道中存储的选区，可以有多种方法，效果都是一样的，操作者可以根据自己的习惯来做。而调取也就是载入通道选区后，要回到图层中去，这时一定要回到RGB复合通道，否则就会出错。这是我们调取选区后的关键点。

准备图像

我们接着前一个实例继续做。

打开随书赠送"学习资源"中的13.jpg文件，这是一张合适用来做前一个实例中的汽车背景的风光照片。

调取汽车选区

再次打开前一个实例最后存储的汽车抠图的PSD文件。

打开通道面板，看到刚才存储选区的Alpha通道都在。

不必激活某个单独的通道。按住Ctrl键，用鼠标单击Alpha 1通道，这个通道中存储的选区就被载入，看到蚂蚁线了。

这个选区包括了汽车和地面的投影，而我们现在需要的只是汽车。

按住Alt键，将鼠标放在Alpha 2通道上，可以看到图标是一只手带一个方框选区，而且方框里是一个符号"－"，单击Alpha 2通道，看到刚才载入的Alpha 1通道减去了Alpha 2通道中存储的地面投影选区。现在的选区就是完整的汽车选区了。

这就是不同通道中选区的减少。

回到图层面板，可以看到蚂蚁线选区与汽车外形完全相符。按Ctrl+C组合键，拷贝汽车图像。

调整汽车与背景位置

回到刚才打开的风光背景图。

按Ctrl+V组合键，可能会弹出"粘贴配置文件不匹配"对话框，这是因为两个图像的色彩空间不一致，直接单击"确定"按钮继续。

看到汽车图像粘贴到风光背景图中了。图层面板中产生了一个新的图层。

现在看到汽车的朝向与风光背景的方向不相符。如果将汽车图像左右对调，会发生汽车变成右舵的问题，而且车标也就不对了，因此还是应该将风光背景图做左右对调。

单击背景层为当前层。

但是背景层不能做水平翻转。将鼠标放在背景层上双击，在弹出的新建图层对话框中，各项参数保持默认，直接单击"确定"按钮退出。

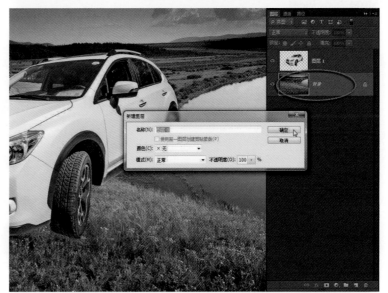

看到背景层变成了图层0。现在可以调转这个图层了。

选择"编辑\变换\水平翻转"命令，可以看到风光背景层做了左右对调，现在背景与汽车的朝向相符了。

汽车的位置还需要移动。在图层面板上单击汽车图层为当前层。

在工具箱中选移动工具，然后用鼠标按住汽车，移动汽车图像到合适的位置，看到汽车与风光背景的位置舒服了。

处理汽车投影

回到刚才的汽车PSD图像文件。现在需要单独调取汽车的投影选区。

可以像刚才那样按住Ctrl键，然后用鼠标单击存储投影选区的Alpha 2通道，也可以选择"选择\载入选区"命令，在弹出的载入选区对话框中打开通道下拉框，选择所需的Alpha 2通道，最后单击"确定"按钮退出，可以看到汽车投影的选区蚂蚁线了。接着按Ctrl+C组合键，拷贝投影图像。

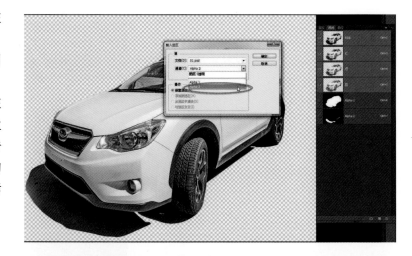

回到目标图像文件。

按Ctrl+V组合键，可以看到汽车投影图像粘贴进来了，图层面板上产生了一个新的图层。

在工具箱中选移动工具，然后按住汽车投影移动到相符的位置。这个汽车的投影当然不适合放在草地上，我们只是需要这个投影的选区。

按住Ctrl键，用鼠标单击当前层上汽车投影的缩览图，将当前层图像的选区载入，看到蚂蚁线了。

我们只需要投影的选区，不需要投影的图像，所以在当前层的前面单击眼睛图标，将当前投影层关闭。

在图层面板上单击背景层，指定背景层为当前层，然后在图层面板的最下面单击创建新调整层图标，在弹出的菜单中选择曲线命令。这样就在当前背景层的上面建立了一个曲线调整层。

在弹出的曲线面板中，将右上方的曲线高点向下压，看到选区内的图像暗下来了。中间再加一个控制点，略微向下压，降低阴影中的反差，阴影的影调看起来满意了。

投影的边缘过于清晰了，不符合草地的实景。

在当前调整层的蒙版图标上双击鼠标，弹出蒙版调整面板，将羽化参数滑标适当向右移动，直至看到投影的边缘虚化满意。

现在投影的边缘还是过于齐整了，也不符合实际。

在工具箱中选画笔，将前景色设置为黑，并设置很小的笔刷直径和适当的羽化值。

用黑画笔在投影的边缘顺着草的方向描画，草在投影的边缘达到了真实的效果。

汽车另一侧的窗户外景还不对。

在图层面板上单击选择汽车图层为当前层，然后在图层面板下面单击创建图层蒙版图标，为当前汽车图像层创建一个蒙版。

在工具箱中选画笔，将前景色设置为黑，并在选项栏中设置合适的笔刷直径和较高的硬度参数。

用黑色画笔涂抹另外一侧车窗。注意，必须是一笔涂抹完成，中间不能抬鼠标。涂抹完后，看到车窗透明了，露出了对面远方的风景。但是这个车窗外的景象有两层玻璃相隔，不应该与旁边的风景一样清晰。选择"编辑\渐隐画笔"命令，将不透明度参数滑标适当向右移动，看到窗外景物的半透明状态满意了，单击"确定"按钮退出。

将其他需要半透明的窗户也用同样的方法涂抹出来。

现在感觉汽车太亮了，与背景环境光线感觉不符。在图层面板的最下面单击创建新的调整层图标，在弹出的菜单中选择曲线命令。

在弹出的曲线面板中，选择直接调整工具，然后将鼠标放在图像中汽车的高亮处，按住鼠标向下移动，看到曲线上产生相应的控制点，并将曲线向下压，直到汽车的亮度满意。

这个调整层是用来调整汽车亮度的，不能让背景图也变暗。

打开图层面板，按住Alt键，将鼠标放在当前调整层与下面相邻图层之间，看到鼠标变成图层编组箭头图标，单击鼠标，看到当前调整层图标向右后退了一步，与下面相邻图层编组。这样调整层只作用下面相邻的一个图层，不再影响下面的所有图层。背景图像恢复原状。

最终效果

　　经过从通道中调取选区，我们完成了汽车、投影与背景图像的融合。现在看到车辆与山丘、草地、晚霞的环境结合得很舒服，体现出了一辆越野车的风格。

　　随书赠送"学习资源"中还提供了另外的背景图（15-1.jpg和15-2.jpg），读者可以尝试制作不同的背景。也可以找自己拍摄的风光照片来做这个实例练习，但是您可能会发现，要想找到一张合适的背景风光照片，大概真要花费很大的精力，并非随手找一张图就能行的。

五一节放假三天，我忙着赶书稿，整整两天连轴转，都没有动弹。昨天傍晚，有朋友从箭扣回来说镇北楼的山桃花开得正盛，鼓动我去看看。晚上在QQ群里问谁上箭扣，无人响应，还有泼冷水的。

小长假最后一天凌晨两点，拉上夫人驾车出发，直奔箭扣，一路畅通。三点半到达山脚下开始登山，四点半到达山顶的时候，东方刚有一点鱼肚白。据说昨天这里的摄影人已经人满为患，而今天居然只有三五个人。

五点钟，东方渐亮，我便开始投入拍摄。

尽管天边有云雾，但整体上还是大晴天。当太阳冒出云层，把第一缕暖光打在长城敌楼上的时候，摄影人都在专心拍摄。我们拍日出抓的就是这十几分钟。

我在山桃树丛中钻来钻去，力图把盛开的山桃花与暖色调的长城结合在一起，桃花一束束、一捧捧，与远处的长城呼应着、烘托着、映衬着，能够见到这样的美景也算不易。一年中只有一周左右的花期，还得有合适的好天气，还得我有时间能来。珍惜吧，我真是第一次拍摄箭扣的桃花盛开呢！

桃花就在眼前，而长城蜿蜒于远山，要想把长城和桃花都拍清晰，还真为难。即便是小光圈，也无法满足如此大景深的要求。于是，我在一个取景画面中，分别拍两张片子，一个近景对焦，一个远景对焦，然后回来将二者合成，得到一张前后景物都清晰的照片。后来知道了，这个叫作"焦点堆叠"。

到6点10分，阳光已经很强烈了，于是我们开始下撤。路上还遇到好几拨向上攀登的朋友，都不认识。打个招呼一问，他们都是第一次来镇北楼。就当踩道吧！

7点下到山底，没有停留，直接开车返程，8点半就到家了。

我拍片子的这个地方有点悬，你们别跟我学哦！

在通道中建立最精细的选区 16

在图像中建立所需的选区可以有很多种方法，如使用魔棒、路径工具，或者使用"颜色范围"命令、蒙版等。但是，要想建立最精细的选区，还是要用通道来做。按照图像的灰度影调来建立选区，这是其他方法都无法比拟的，这样的选区当然是最精细的了。

准备图像

打开随书赠送"学习资源"中的16.jpg文件。

这是在影棚里为一位姑娘拍的一张婚纱照。拍摄时尽管采用了红色象征喜庆的背景，但还是感觉背景平淡，想替换一个室外环境的背景。现在最难办的是婚纱的半透明，如何建立这样的半透明选区是这个实例要解决的关键问题。

准备通道

打开通道面板，分别观察RGB通道，选择一个反差最大的通道。

感觉绿色通道反差最大，适合用来建立选区。用鼠标按住绿色通道，拖到通道面板最下面的创建新通道图标上，复制成一个绿副本通道。

这个通道中的图像背景色大部分已经是黑色，也还有少量部分不是完全一样的黑色，需要做修饰。

在工具箱中选画笔，设置前景色为黑，并设置合适的笔刷直径和羽化值然后用黑画笔细致地将背景涂抹成全黑色。

按说涂抹好全黑背景，就可以继续做下面的操作了。但是我在反复做这个实例的过程中发现，还需要一个专门处理半透明婚纱局部颜色的选区，这是这个实例的特例。那么，我们就将这个绿副本通道，用鼠标拖到通道面板最下面的创建新通道图标上，再复制成一个绿副本2通道。

这两个绿副本通道完全一样，我们随便用一个，另一个备用。

按Ctrl+I组合键，将当前通道反相，看到当前通道的影像被反相，类似黑白底片的效果。

这样做是为了让背景为白色，这是需要做替换的背景区域。

修饰通道

现在背景和婚纱的半透明区域已经有了，但是人物部分不需要被替换，因此除了白色背景和半透明的婚纱部分之外，其他部分都要涂抹成为黑色。

按Ctrl+M组合键，打开曲线对话框。选择黑色吸管，用来设置黑场。用黑色吸管在图像中单击人物中较暗的地方，可以看到图像中比单击点暗的地方都变成了黑色，曲线的黑点向内移动了。

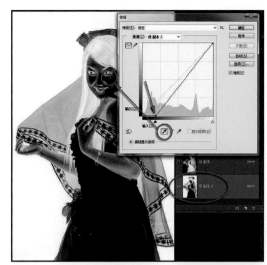

在工具箱中选画笔，设置前景色为黑，并设置合适的笔刷直径和羽化值。

用黑色画笔将人物仔细涂抹成黑色。这是一项很细致的工作，要小心操作。

为了涂抹得尽量精准，很多地方需要将图像放大，将画笔直径缩小，很小心仔细地涂抹人物的部分。

一定注意不要涂抹到半透明的婚纱部分。

而头发部分是很难涂抹得十分准确的。有的时候需要调整笔刷的直径和羽化值，有的时候需要回到RGB复合通道去观察彩色原图像，确认头发的位置。这里主要看操作者的耐心和细致。

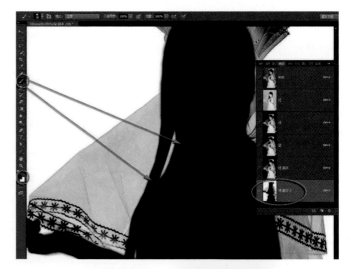

载入通道选区

现在人物部分完全涂抹成为黑色，背景完全是白色，半透明的婚纱部分是灰度影调的效果。通道的修饰完成了。

在通道面板的最下面单击载入选区图标，通道中的选区被载入，看到蚂蚁线了。

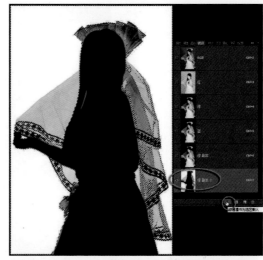

现在要回到图层去做替换背景的操作。首先要回到RGB复合通道。

在通道面板上，用鼠标单击RGB通道，看到彩色图像了，看到通道面板最上面的RGB复合通道和RGB三个颜色通道都处于选中状态。

注意，一定是单击最上面的RGB复合通道，不是单击通道最前面的眼睛图标。

替换图像背景

先打开随书赠送"学习资源"中的16-1.jpg图像，我们用这幅春天盛开的桃花图像来做婚纱图像的背景替换。

作为替换背景的图像，要与原图像的长宽像素数一致。

按Ctrl+A组合键，将素材图像全选，按Ctrl+C组合键将图像拷贝。

再次回到婚纱人物原图像，看到蚂蚁线还在。

选择"编辑\选择性粘贴\贴入"命令，将刚才拷贝的桃花素材贴入当前图像。

在图层面板上可以看到，贴入的素材图像产生了一个新的图层，这个新图层的蒙版中就是刚才载入的绿副本通道中修饰的选区。在这个蒙版的遮挡下，人物的背景被替换了，婚纱保持了半透明效果。

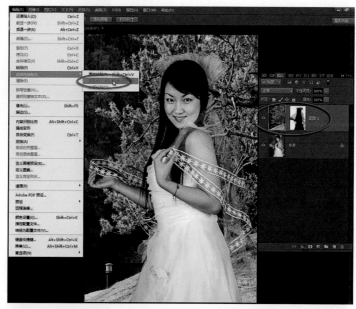

当前处于蒙版操作状态下。

将图像放大，仔细检查替换的图像与人物的边缘是否相符。对于不符的地方，在工具箱中选画笔工具，设置合适的笔刷直径和羽化值，并设置前景色为白或者黑，然后仔细涂抹修饰边缘，直到满意。

精细调整婚纱效果

　　按说这个效果做到这一步就可以算完成了。但是仔细观察，总觉得半透明的婚纱颜色偏红，这是由于从原来的红色背景选择出来的原因。于是考虑对偏红色的半透明婚纱做进一步处理。

　　再次进入通道面板，选择刚才复制的绿色副本通道。这就是我们为什么在制作了一个绿色副本通道后，又复制了一个绿色副本通道备用的原因。

　　在通道面板的最下面单击载入当前通道选区图标，看到蚂蚁线了。

　　在通道面板的最上面单击RGB复合通道，所有颜色通道都被打开，看到彩色图像了。

　　回到图层面板。

　　在图层面板的最下面单击创建新的调整层图标，然后在弹出的菜单中选择"黑白"命令，建立一个黑白调整层。

在弹出的黑白面板中，将红色和黄色的滑标适当向右侧移动，提高参数，可以看到选区内的图像颜色淡了，亮度提高了。

这个调整层是专门用来处理半透明的婚纱的，而现在的选区把人物的颜色也处理了，因此还需要把人物恢复回来。

确认当前仍处于蒙版操作状态中。在工具箱中选画笔，将前景色设置为黑，并在上面的选项栏中设置合适的笔刷直径和硬度参数，然后用黑色的画笔将人物涂抹回来。

最终效果

现在全部的替换调整都完成了。仔细观察图像，可以看到替换的背景效果非常好，尤其是半透明的婚纱，后面呈现半透明的园林背景，又经过细致的黑白调整层处理，效果完全令人满意了。

这个实例中，从通道中使用灰度图像建立半透明的精细选区，达到了非常好的效果，这是其他建立选区的工具和命令所难以达到的。

亮度蒙版就是半透明 **17**

从通道中获取的选区，不仅有外形的边缘，而且有厚度的轻重。外形的边缘可以有虚实变化，厚度的轻重可以有深浅的区别。我们要想获得如此细腻的选区，还真得靠通道不可呢。有了这样细腻的选区，我们既可以获得一个半透明的图像，又可以获得一个亮度蒙版，而这正是精细调整图像所需要的。

准备图像

打开随书赠送"学习资源"中的
17.jpg文件。

在参观敦煌艺术展的时候，经过工作
人员的允许，拍摄了这张照片。现场不能
打闪光灯，不能支三脚架。我手持照相机
拍摄了这张照片，我知道肯定是欠曝的，
只能靠后期调整了。

常规曲线调整层调整

在图层面板的最下面单击创建新的调
整层图标，然后在弹出的菜单中单击曲线
命令，建立一个新的曲线调整层。

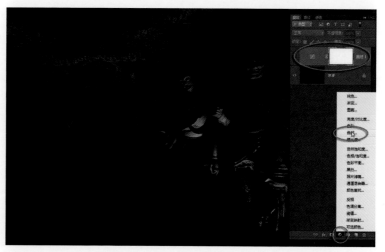

在弹出的曲线面板中，选择直接调整工具，然后在图像中选择暗部中最典型的地方，按住鼠标向上移动，可以看到曲线上产生相应的控制点也向上移动，曲线被抬起，图像亮起来了。

在曲线的右下角移动白场滑标，按照直方图的形状，将白场滑标向左移动到直方图右侧起点的位置，设置好白场。

现在感觉图像中高光的地方过亮了。在曲线的高光部分单击鼠标，建立一个新的控制点，将这个控制点适当向下压，将过亮的高光部分降低点亮度。

按说片子调到这样就算完成了。虽然不满意，但那个拍摄条件能得到这样的片子，似乎也就凑合了。

目前的图像暗部层次还是欠缺，但不敢再提高曲线了，因为亮部会过曝，暗部会增加噪点。

我们换一种方法。

在图层面板上将当前调整层前面的眼睛图标单击关闭，图像恢复初始状态。

载入亮度蒙版选区

打开通道面板，接着依次单击打开颜色通道，观察各个颜色通道中的灰度影像。感觉绿色通道的灰度影像层次最细腻，噪点最少，就选定绿色通道，在通道面板的最下面单击载入通道图标，当前通道的选区被载入，看到蚂蚁线了。

在通道面板的最上面单击RGB复合通道，回到顶上，看到所有的颜色通道都被激活，看到彩色图像了。

当前载入的是绿色通道中的亮调部分选区，而我们要做调整的是图像中的暗调部分，因此要将选区反选。选择"选择\反向"命令，将现有选区反选。

用亮度蒙版调整图像

回到图层面板，再建立一个新的曲线调整层。在弹出的曲线面板中，选择直接调整工具，然后在图像中选择暗部最典型的地方，按住鼠标向上移动，可以看到曲线上也产生了相应的控制点，也向上移动抬起了曲线，图像亮起来了。

将曲线框右下角的白场滑标向左移动到直方图的右侧起点位置，然后在曲线的高光部分单击鼠标建立一个新的控制点，并将这个点适当向下压一点，以使图像中高光部分不过曝。

这个环境本来就有灯光照射有点偏色，再加之从绿色通道载入选区做调整，偏色愈加重了。

在曲线面板中选择灰色吸管，用灰色吸管在图像中单击原本应该为黑白灰的地方。现在这个图像中似乎不好判断准确的黑白灰点，只能根据经验做试验。单击多个黑白灰点之后，选择一个自认为颜色最准的地方吧。在曲线中可以看到蓝色增加了，红色减少了，片子不再偏色了。

其实，也可以尝试载入红色通道的选区做调整。

然后可以在图层面板上看到不同调整层做的效果，可以看到绿色通道的蒙版比红色通道的蒙版层次要丰富。而带通道载入选区的亮度蒙版调整的效果，比不带亮度蒙版调整的效果要细腻，暗部层次要丰富，噪点也少。

要点与提示

从通道中调取选区作为亮度蒙版，这样控制调整图像能更有针对性地调整图像中最需要的局部区域。在亮度蒙版的控制下，非线性的调整更使得不同区域得到不同程度的调整，这就使调整的控制更细腻，得到的层次更丰富。

高光不过曝，阴影出层次。这就是亮度蒙版最大的优势，而这样的亮度蒙版非通道不可。

因此，亮度蒙版就是一个半透明的蒙版，靠不同程度的半透明来遮挡调整的图像。亮度蒙版用在需要提升暗部层次，又不能让高光部分过曝的片子中。

亮度蒙版最细腻 18

我们希望照片中能够表现出丰富的层次，而前期拍摄时却往往受到自然条件的限制，难于在拍摄中达到满意。要在后期处理中让片子表现出丰富的层次，需要做非常精细的调整，高光和阴影部分都需要保护，都需要调整。这时，运用亮度蒙版就是最好的选择，因为亮度蒙版最细腻，而这种最细腻的蒙版一定是从通道中获得的。

准备图像

打开随书赠送"学习资源"中的18.jpg文件。

这是一张在颐和园夕阳衔山时拍摄的照片，就在阳光透过云缝的那一瞬间按下快门，力图表现夕阳、云霞和万寿山在这一时刻的那种融合与呼应。

观察图像

打开直方图面板。

从直方图看，这张照片的高光部分没有明显的溢出，最暗的阴影也没有溢出，而天地的高反差在这里也因为地平线的形状而无法使用渐变镜。也就是说，片子的曝光完全正常。而片子现在的这种影调，尽管我们不满意，但是在前期拍摄中这是无法解决的，只能在后期处理中来做。

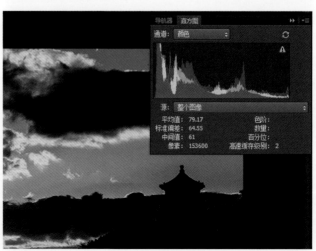

这张照片曝光正确，影调已经达到全色阶，所以不需要用色阶命令做调整。

如果打开曲线面板，想调整过暗的阴影部分的层次，我们会发现，在提高A点暗部的影调亮度后，也会提高B点亮部的影调，由此可造成亮调部分过曝。因此我们需要一种方法，在重点调整暗部层次的同时，让亮部层次只做相应适量的调整。

载入灰度选区

这里用亮度蒙版来做灰度选区。

打开通道面板，分别观察红、绿、蓝三个通道，选择一个反差最大的蓝色通道。

在通道面板的最下面单击载入通道选区图标，看到图像中出现选区蚂蚁线了。

现在载入的是蓝色通道中的亮调部分，而我们要调整的却是图像中的暗调部分，因此需要将选区反选。按Ctrl+Shift+I组合键，将选区反选。

在通道面板的最上面单击RGB复合通道，看到彩色图像了，而且RGB三个通道都被选中了。

运用亮度蒙版调整图像

回到图层面板，看到蚂蚁线还在。

在图层面板的最下面单击创建新的调整层图标，然后在弹出的菜单中选择曲线命令，建立一个新的曲线调整层。

在弹出的曲线面板中，选择直接调整工具，然后在图像中按住暗调中的房顶向上移动，看到曲线上产生了相应的控制点也向上抬起曲线，图像中的暗部层次令人满意了。

感觉亮调部分还是有点过亮了。在曲线面板的曲线中间单击鼠标，建立一个新的控制点，将这个点向下移动到原位，看到亮调部分的层次仍保留原状。

按F7键回到图层面板，可以看到当前曲线调整层上的蒙版是一幅灰度图像。

我们刚刚调整的参数，对蒙版中的白色部分起作用，对黑色部分不起作用，对灰色部分起一部分作用。亮度蒙版按照当前图像的灰度关系对调整做遮挡，起到了对调整区域的不同程度的精细控制作用。

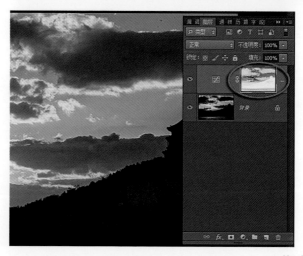

第二个亮度蒙版调整

　　现在感觉晚霞的暖调子不够强烈，想专门强调夕阳光线的暖调子。

　　打开通道面板，选择红色通道，因为夕阳的暖调子主要体现在红色中。在通道面板的最下面单击载入通道选区图标，看到蚂蚁线了。

　　这次要调整的区域就是红色通道中的区域，因此当前选区正合适，不用反选。

　　在通道面板上单击RGB复合通道，看到彩色图像了，看到RGB三个通道都被选中了。

　　按F7键再次打开图层面板，在图层面板的最下面单击创建新的调整层图标，然后在弹出的菜单中选择"色相/饱和度"命令，建立一个新的"色相/饱和度"调整层。

　　在弹出的"色相/饱和度"调整面板中，先将全图的饱和度参数适当提高。

感觉色彩鲜艳了，但夕阳的色彩还不够强烈。

在面板上选择直接调整工具，然后在图像中按住暖色的夕阳部分向右移动鼠标，可以看到面板中自动选中了黄色，其饱和度滑标随之向右移动了。再将色相滑标稍向左移动一点，让黄色略微偏红一点，夕阳暖色的效果出来了。

在面板中打开颜色编辑下拉框，选择红色。将饱和度滑标适当向右移动，提高了图像中红色的饱和度。现在感觉，图像中夕阳的暖红色调满意了。

感觉天空的蓝色过于艳丽了。

再次打开颜色编辑下拉框，选择蓝色。将饱和度和明度两个参数滑标都适当向左移动，降低了图像中蓝色的饱和度和明度，天空的颜色感觉真实了。

再次回到图层面板，可以看到当前调整层上也有一个亮度蒙版。这个亮度蒙版就是我们刚才从通道中载入的红色通道的选区建立的。

按照我们刚才的调整，在亮度蒙版的遮挡下，图像中夕阳的暖红色很好地被强调出来了，而没有红色的地方仍然保留原有的色调。

第三个亮度蒙版调整

现在感觉天空的影调偏灰，反差弱，再来做第三个亮度蒙版控制调整。

感觉还是蓝色通道选区比较合适，可以再次从蓝色通道载入选区，然后再反选；也可以从刚才做的曲线调整层的蒙版中直接载入选区。

按住Ctrl键，用鼠标单击曲线调整层上的蒙版图标，这个蒙版的选区被载入，看到蚂蚁线了。

在图层面板的最下面单击创建新的调整层图标，然后在弹出的菜单中选择曲线命令，建立一个新的曲线调整层。

在弹出的曲线面板中选择直接调整工具，然后在图像中按住乌云里中间灰度的地方向下移动鼠标，可以看到曲线上产生相应的控制点也向下移动，曲线向下压，天空中的影调暗下来了。

天空的影调被压暗后，夕阳的效果更强烈了。但是万寿山、佛香阁的影调不能同时被压暗。在工具箱中选画笔，设置前景色为黑色，并在上面的选项栏中设置合适的笔刷直径和最低的羽化值参数，然后用黑色画笔在山和古建筑的地方涂抹，可以看到这里的影调又恢复了刚才的层次。

从图层面板上可以看到，当前调整层也是一个亮度蒙版，只是中间部分被用黑笔做了涂抹。

最终效果

调整后的图像，夕阳、晚霞、万寿山、佛香阁和昆明湖都历历在目，层次清晰，气氛融和。

我们用了三个亮度蒙版来控制暗部层次、夕阳色调和天空反差的效果，亮度蒙版的精细调整效果在这里发挥了明显的作用。而根据图像影调的灰度关系来调用蒙版选区，是必须从通道中来做的。

用好亮度蒙版，可以按照图像的灰度来调整图像，从而使图像调整的层次达到最细腻。

用亮度蒙版替换天空 19

在实际拍摄中，经常遇到场景不错但天空不满意的情况。要在后期处理中替换天空，主要靠蒙版的控制。而要想获得非常精准细致的天空选区，又必须从通道中来做，除此之外，恐无他法。

准备图像

打开随书赠送"学习资源"中的图像文件19.jpg。好友三两，凭栏而坐，品茗几杯，应该是一件很惬意的事。喜欢这个意境，于是拍了这张片子，只是天空平淡了一些。

可以尝试为这个场景替换一个更符合意境的天空。

在通道中建立选区

打开通道面板，没有选择反差最大的通道，而是仔细观察选择一个层次最丰富的通道。感觉绿色通道层次最好，将绿色通道用鼠标拖到最下面的创建新通道图标上，复制一个新的通道，成为绿副本通道。

按Ctrl+M组合键打开曲线对话框。选择白色吸管在图像中单击窗外的天空，选择黑色吸管单击室内景物中较暗的位置。注意观察半透明的窗帘，不能让窗帘太亮，否则将损失层次。

在曲线上再次单击鼠标，建立两个控制点，然后将这两个控制点分别向上、向下移动，让曲线呈S形，为的是有意加大反差，同时又保留明暗两端的层次。尤其注意图像中圆圈部分半透明窗帘的细节层次尽量保留。

满意了，单击"确定"按钮退出。

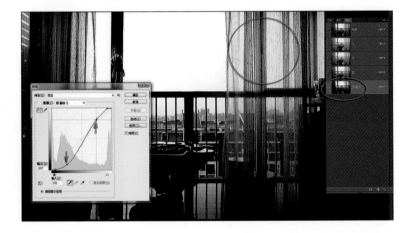

在通道面板的最下面单击载入通道选区图标，当前绿副本通道中的选区被载入，看到蚂蚁线了。

在通道面板的最上面单击RGB复合通道，看到红、绿、蓝三个颜色通道都重新被选中，看到彩色图像了。

替换天空

　　打开随书赠送"学习资源"中的 19-1.jpg文件，准备将这个天空替换到图像中。按Ctrl+A组合键将图像全选，按 Ctrl+C组合键复制图像，再按Ctrl+W组合键关闭当前素材图像文件。

　　回到需要替换天空的图像原文件。

　　打开图层面板，单击背景层，激活当前图像。

　　蚂蚁线还在。选择"编辑\选择性粘贴\贴入"命令，可以看到天空素材贴进来了。同时，图层面板上增加了一个新的图层，并且有一个图层亮度蒙版。

修饰图像

　　仔细观察图像，可以看到天空素材与窗外景物结合得并不好，窗外楼房等处还隐约可见素材图像中的天空影像，窗纱上有些地方完全透明了，这需要修饰蒙版来控制遮挡区域。

　　在图层面板上单击蒙版将其激活。在工具箱中选画笔工具，设置前景色为黑。在图像中单击右键，打开画笔设置面板，设置合适的笔刷直径和最低的硬度参数。

确认蒙版已经被激活。用黑画笔将茶几上方楼房的位置小心涂抹出来，让这里的楼房上不再映衬出素材图的天空影像。

两侧因为有半透明的窗纱，颜色与背景相近，可以不涂抹。

地面也露出了一部分朝霞影像，也不符合视觉情况。用稍大一点直径的黑色画笔，将阳台的地面涂抹出来，恢复初始状态。

这里如果需要天空的倒影，可以最后制作。

现在感觉窗纱有些地方完全透明了，感觉不对。这是蒙版的轻重问题。

确认当前是在蒙版操作状态中。按Ctrl+M组合键打开曲线对话框，然后在曲线的亮调部分建立控制点，并向下压曲线，在曲线中间部分建立控制点，并将暗调部分曲线恢复原位，再根据情况在曲线上建立相应的控制点，看着图像中的窗纱效果调整曲线的形状，让窗纱看起来是很真实的半透明效果。满意了，单击"确定"按钮退出曲线调整。

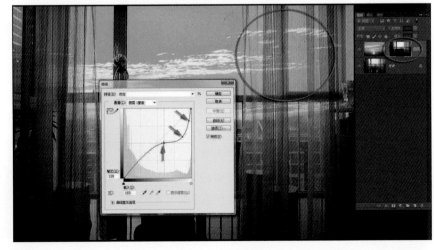

感觉现在朝霞的位置不满意，云霞偏低。在图层面板中单击素材层的缩览图，这样就退出了蒙版操作状态，进入图像操作状态。

在工具箱中选移动工具，然后按住图像向上移动，看到云霞的位置合适了。

窗外的云霞位置合适了，但太阳正好位于茶几桌面的反光，又不舒服了。

按住Shift键，用鼠标在图层面板上单击当前层的蒙版图标，看到蒙版中出现了一个红色叉，蒙版被关闭，看到完整的朝霞素材图了。

在工具箱中选污点修复画笔工具，并设置好笔刷的直径，然后用污点修复画笔在太阳上涂抹，抬起笔，看到涂抹处与周围天空类似了。就算有点痕迹也没有关系，反正就是做桌面的反光。

按住Shift键，再次单击图层面板上的蒙版图标，红叉消失，蒙版被打开。现在观察茶几桌面的反光满意了。

想把天空的云霞都从窗口露出来，但只移动天空素材图不行，因为露出下面就挡住了上面。

看图层面板，现在还是在图像操作状态。按Ctrl+T组合键，打开变形框，用鼠标直接拉动变形框的边点，让图像变形，使天空的云霞都能在窗口显现，最后按回车键完成变形操作。

制作天空云彩的倒影

至此，这个用亮度蒙版替换天空的实例可以算完成了。下面的操作属于锦上添花，可做可不做了。

现在想让地面也映衬出天空的云霞。为了保险起见，重新打开刚才的素材图，再做一遍拷贝。

回到目标图像来，按Ctrl+V组合键做粘贴，可以看到素材图被贴上来了，图层面板上产生了一个新图层。

选择"编辑\变换\垂直翻转"命令，将天空云霞素材图做一个头朝下的镜像翻转，因为我们需要的地面影像是天空的镜像。

在图层面板的最下面单击图层蒙版图标，为当前层加一个蒙版。

要载入刚才做的绿副本通道的选区，可以去通道里再次载入所需的选区，也可以选择"选择\载入选区"命令，在弹出的载入选区对话框中，打开通道下拉框，选择绿副本，单击"确定"按钮退出。看到绿副本通道被载入后的蚂蚁线了。

确认工具箱中前景色是黑色，然后按Alt+Delete组合键在选区内填充黑色。

按Ctrl+D组合键取消选区。

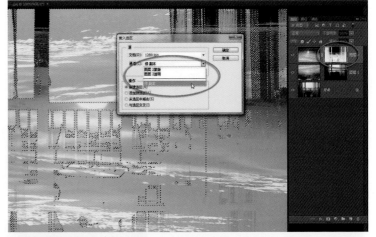

因为载入的绿副本通道是亮调部分，因此填充了黑色以后，与我们的需要正相反。

选择"图像\调整\反相"命令，将蒙版影像反相，现在看蒙版中的灰度影像就对了。

只需注意图像中地面的位置，倒映的云霞出现了。

现在的天空不是我们所需要的。在工具箱中选渐变工具，设置前景色为黑，并在上面的选项栏中将渐变颜色设置为前景色到透明，将渐变方式设置为线性。

在图像中的房顶到茶几之间从上到下拉出渐变线，看到蒙版中上半部分都被遮挡掉了，天空恢复正常。

在工具箱中选画笔，将前景色设置为黑，并设置合适的笔刷直径和最低的硬度参数，然后用黑画笔将窗外的楼宇部分都涂抹一遍，这里的倒映图像都被遮挡掉。现在看地面映衬的云霞倒影没有问题了。

制作天空云彩倒影的操作，写得比较简单，相信会使用蒙版的朋友应该能做出来。

最终效果

　　至此，替换天空的操作就全部调整完成了。

　　现在看到天空完全被成功替换了，最精彩的是半透明的窗纱也能处理得十分逼真，而这正是通道制作并载入选区的神奇之处。

　　这个实例非常典型，说明了亮度蒙版的制作方法，让我们看到了亮度蒙版的神奇效果，理解了亮度蒙版的工作原理。没有通道，就无法获得相应的亮度影像，就无法制作所需的亮度蒙版。因此，要解决半透明的替换图像，就必须从通道中获取所需的半透明蒙版选区。

一幅照片从前期到后期的过程

我一直鼓吹：摄影是前期与后期的完美结合，单靠前期或者单靠后期得到的片子都不算真正的摄影。

现在以我自己拍的一张照片为例，说明我的一张照片从前期到后期最终完成的过程。

春日，走过傍晚颐和园的西堤，桃花满天，春风拂面，清波渺渺，在这样的环境中漫步，慢慢地放松，慢慢地欣赏。

就在落日衔山的那一刻，我被西边的暖调子所吸引，被瀑布般的桃花所感动。于是立即俯下身子，找到一棵形状较好的山桃树下，降低拍摄位置，躺倒在岸边的斜坡上，开始取景。

感谢我的朋友为我拍摄了这张工作照。

构图满意了，先检查相机设置，根据逆光大光比的现场，迅速设置RAW格式，然后按照天空中等亮度的地方测光，锁定曝光参数，调整EV值，以近景的树枝合焦，精细检查构图，调整好呼吸，轻捏快门，连续拍摄了几张照片，太阳很快就落到山后去了。

回来检查照片基本正常，清晰度和曝光都没有问题。但因为当时的大光比，造成的影调和色调上的生硬感觉并不满意，这是早就预料到的。于是在ACR中解读RAW文件，先将高光溢出去除，阴影层次调出，影调和色调都调整正常了，然后导入Photoshop。

现在看来，这样的片子已经属于正常了，但是我觉得这还是属于"照相"的范畴。我自己对当时那种场的感动还没有完全表达出来。于是在PS中继续做精细调整，压暗天空，提亮桃花，并且让桃花的色彩饱和度也提高。最终得到的是一个十分温馨的暖调子，繁花满天的效果很亮眼。这就是我眼前的景，心中的情，这是一个可以用诗的语言来描述的瞬间。

我觉得这个实例很典型，经历的观察、思考、拍摄、制作、再思考、再制作的过程，体现了摄影的前期与后期的紧密结合。所以，我把这个实例的制作过程写了下来，放进了这本《通道篇》里。

通道加减获取影调选区 20

对于高反差同时又有大面积中间影调的照片，而且明暗分界还不是一条直线，这就麻烦了。我们希望对照片中的亮调、暗调、中间调分别做调整，而又希望在明暗交界处不留痕迹。用一般的涂抹调整层蒙版的方法，很难将边缘做得满意。这时，用通道加减法分别获取影调选区，就显得精准实用了。

准备图像

天空的浮云，半露的太阳成为亮调部分，而兀立的雅丹土柱和山丘成为暗调部分。两者反差极大，又没有呈直线的明暗分界线。我们希望将亮调和暗调分别调整，丰富其中的层次。

建立三个影调选区通道

打开通道面板，不是调取红、绿、蓝某个通道的选区，而是调取整个图像的亮度选区。可以直接单击通道面板最下面的载入通道选区图标，也可以按住Ctrl键，然后用鼠标单击RGB复合通道，就看到蚂蚁线了。

在通道面板下面单击将选区存储为通道图标，可以看到通道面板三个颜色通道的下面产生了一个新的Alpha 1通道。这是图像中的亮调部分。

再来做暗调部分。

蚂蚁线还在。执行"选择\反向"命令，或者按Ctrl+Shift+I组合键，将选区反选。

刚才的亮调选区反选就是暗调选区了。

在通道面板最下面单击将选区存储为通道图标，看到通道中产生了新的Alpha 2通道。这是图像中的暗调部分。

有了亮调部分和暗调部分，再来做中间调部分。而中间调部分应该是在全图中分别减去亮调和暗调部分，余下的就是中间调了。

按Ctrl+A组合键全选图像。按住Ctrl+Alt组合键，然后将鼠标放在要减去的通道上，可以看到光标小手有一个带减号的框，单击Alpha 2暗调通道，在全图中先减去暗调部分。可以看到蚂蚁线选区比刚才小了许多。

继续按住Ctrl+Alt组合键，再用鼠标单击刚才建立的亮调通道Alpha 1。减掉Alpha 1后，会弹出警告对话框，提示"任何像素都不大于50%选择，选区边将不可见。"意思是说全图减去暗调和亮调部分后，还有选区存在，但只剩很薄的一点，蚂蚁线已经不能显示选区了。没关系，单击"确定"按钮退出。

现在选区还有，只是不可见。

在通道面板下面单击将选区存储为通道图标，可以看到产生了一个Alpha 3通道。感觉这个通道很暗，这就是全图减去暗调和亮调之后剩下的部分。

我们知道，在RGB模式中，通道中亮的地方是选区之内。分别单击新建立的三个选区通道，可以看到亮调、暗调和中间调的选区情况。

如果怕记混淆了，可以在通道名称上双击鼠标，然后将通道名称改为容易区分的亮调、暗调、中间调。

调取通道选区

现在已经建立了图像中的亮调、暗调、中间调选区，可以分别调用这些选区用于精细调整图像了。

单击进入亮调通道，然后在通道面板最下面单击将通道作为选区载入图标，将当前通道的选区载入。看到蚂蚁线了。

在通道面板最上面单击RGB复合通道。看到RGB复合通道和红绿蓝三个颜色通道都被激活了，看到彩色图像了。

调整影调选区的图像

回到图层面板。

在图层面板下面单击创建新的调整层图标，在弹出的菜单中选择曲线命令，建立一个曲线调整层。

在弹出的曲线面板中可以看到直方图是靠右侧亮调部分的。在曲线上单击鼠标，建立多个控制点，将曲线调整到与直方图大体相当。直至看到图像中的亮调部分影调满意。

再来做暗调部分的调整。

打开通道面板。按住Ctrl键，直接用鼠标单击暗调通道，看到蚂蚁线了，暗调通道的选区被载入了。

这种方法与先选中激活某个通道，然后单击将通道作为选区载入图标的方法相比，效果完全一样，但更快捷。

再次回到图层面板，建立一个新的曲线调整层。在弹出的曲线面板中，看到直方图偏左侧，因为这是图像中的暗调部分。

将右下角的白场滑标向左移动到直方图右侧起点。在曲线左下方单击鼠标建立一个控制点，将这个点向上移动，看到图像中暗调部分亮了。在曲线右上方建立一个控制点，并适当下压，让图像亮调部分不要过曝。

看图层面板，可以看到两个曲线调整层分别带两个亮度蒙版，分别调整了照片中的亮调和暗调部分。

现在感觉似乎雅丹地貌的地面层次还可以再丰富一些为好，但大幅度提高暗部的亮度，恐怕不符合整体影调关系。那么我们就考虑调取中间影调选区来做。

打开通道面板。选择中间调通道，在通道面板下面单击将通道作为选区载入图标来载入当前通道的选区。这时弹出警告对话框，提示"任何像素都不大于50%选择，选区边将不可见。"这是因为当前载入的选区亮度低于128中间值，不必管它，单击"确定"按钮退出。

按照前面讲的标准方法，回到RGB复合通道，再回到图层面板。

在图层面板下面单击创建新的调整层图标，在弹出的菜单中选择曲线命令，建立第三个曲线调整层。

由于当前中间调选区范围非常小，因此在弹出的曲线面板中看不到直方图。

在曲线的暗调部分单击鼠标，建立一个控制点。将这个控制点向上移动，抬起曲线。可以看到雅丹地貌山丘中稍稍有了变化，层次清晰了一些。

我们需要的就是这一点非常细腻的变化。

曲线的右上方亮调部分和中间调部分还需要建立一些相应的控制点。把亮调部分压下来，并且让曲线的中间部分相对水平。这样做就丰富了图像中暗调部分的层次，避免了亮调部分的过曝。

实际上，这个中间调的曲线调整可以尝试很多种不同的方法。

例如，将曲线的左下角点一直抬高到最高点，将曲线右上角点向下压到最低，就是将图像中间调的反差做反向。

或者将曲线的左下角点抬到最高，然后在曲线中间建立一个控制点向下适当移动下压。也可以看到图像中暗调层次的细微变化。

不论曲线调整成什么样，看图像效果满意为好。

调整色调

调整中间调后，图像的色彩都会变得暗淡，需要适当调整色调。

在图层面板最下面单击创建新的调整层图标，在弹出的菜单中选择色相/饱和度命令，建立一个新的色相/饱和度调整层。

在弹出的色相/饱和度面板中，打开颜色下拉框，选择蓝色，来调整天空颜色。提高饱和度，降低明度，天空颜色看起来舒服了。

然后打开颜色下拉框，分别选择红色和黄色，分别适当提高这两个颜色的饱和度参数，看到地面的颜色鲜艳了。

最后再次打开颜色下拉框，选择全图，将全图的饱和度适当提高一点。图像整体的色调看着都满意了。

最终效果

经过亮调、暗调、中间调的分别调整，照片中高光的星芒更清晰了，山丘的暗部层次更丰富了。而我从通道中通过加减获得的三个影调的选区，确保了图像调整的细腻，确保了明暗交界处不留痕迹。

这样的调整方法稍显复杂，最适用于有高反差影调关系，明暗交界线不是一条直线，而希望得到层次丰富的照片。

手机摄影的感悟

　　过去我们理解的摄影，当然是用照相机去拍摄景物获得照片影像。现在随着科技的发展，能拍摄照片的不只是照相机了，很多人在用手机拍照。我过去看不上用手机拍摄的照片，从片子的质量到曝光的控制都不能满意。但是，随着科技的发展，这个问题也在逐步得到解决。一个偶然的机会，看到我的摄友老歌讲他的手机摄影，真的颠覆了我过去对手机摄影的老观念。

　　老歌说：2013年2月的严冬，我去东北著名的雪乡拍摄。室外零下三十多摄氏度的严寒致使相机罢工，无奈中我掏出了怀中的手机拍了几张美丽的雪景。后来在北京国际摄影周"云影像"手机摄影大赛中，我将两张当时拍的雪乡照片投了过去，竟意外地获得了银质收藏奖和优秀奖，并获得奖品三星手机一部。从那之后我便一发不可收地迷上了手机摄影。

　　如今，智能手机的发展真是日新月异，各项拍摄功能也日臻完善。除了像素提高到上千万之外，有的手机甚至增加了手动功能。拍摄者可根据自己的喜好，通过变换拍摄速度、光圈、感光度、白平衡等，来获取自己理想的拍摄效果。照片曝光也相对准多了，清晰度及画质有了明显的提高。现在我已非常习惯并喜欢用手机拍摄，主要是因为它太轻巧便捷了。它就像武器中的手枪一样，出手快、目标小、隐蔽性强。出门扫街要比背个单反便捷许多。即便是出游行摄采风，我遇到好的景色总不忘用手机拍上几张。

　　能拍照的手机在现代基本上是人手一部，除去单反，手机已成为十分适合摄影创作的利器。而且现在手机摄影的手机应用软件也非常多，随拍、随修、随上传，非常方便。可以想象，今后手机摄影的发展趋势及影响力是巨大的。

　　虽然热衷于手机拍摄只有短短的一年时间，我的手机摄影作品已先后在几个摄影比赛中获了奖。

　　老歌说到他的手机摄影，得意快乐之情溢于言表。我想，今后再遇见脖子上挂着单反加大炮，手里举着手机拍照的摄友，可不敢小视了。

Lab模式对色彩的控制更细腻 21

Lab色彩模式是国际照明组织确定的一个理论上包括了人眼可以看见的所有光线的色彩模式，它弥补了RGB和CMYK两种色彩模式的不足。Lab模式处理数码照片，除了一般教科书所说的色域宽、色彩转换不损失等优点之外，我认为它的优点在于控制色彩从三色到四色，因而对色彩的调控更细腻。而在通道中处理色彩远比在色相/饱和度中做的图像质量要好。

准备图像

打开随书赠送"学习资源"中的21.jpg文件，这是一张秋林的水中倒影的照片。

过去真没有注意过这样的水中倒影小景，在朋友的提示下，拍摄了这样一个秋天水边白桦林的倒影。如果不做后期处理，看不出味道来。

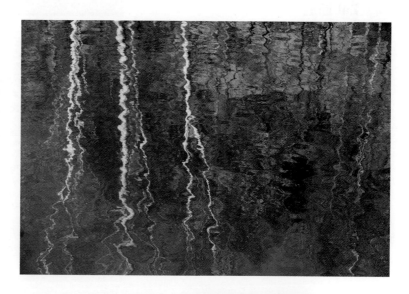

转换Lab模式

这个图像中的色彩很丰富，红、绿、蓝、黄都有，如果用RGB模式做，改变黄色时要涉及红和绿两个颜色通道。而用Lab模式来做，只需要动一个通道中的黄色参数。

现在我们用Lab模式来做。

选择"图像\模式\Lab颜色"命令，将图像从原来的RGB模式转换为Lab色彩模式。

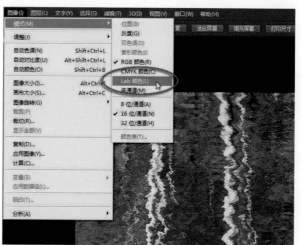

打开通道面板，可以看到Lab的通道样式。

在Lab模式中，一个明度通道是专管图像的明暗影调的，反差和层次都在这里解决。a通道是管品色和绿色的，b通道是管黄色和蓝色的。

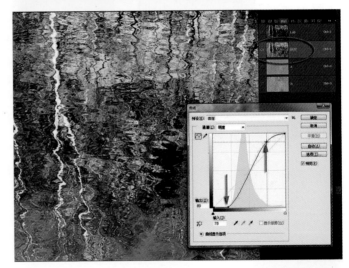

调整Lab通道

首先在通道面板中单击选择明度通道，按Ctrl+M组合键打开曲线对话框来调图像的影调。

感觉这个图像的反差较弱，影调偏灰。在曲线上建立两个控制点，将高点的控制点稍微再向上移动一点，低点的控制点再稍微向下压一点，使曲线呈S形，现在看到图像的反差提高了，图像的影调从黑白照片的效果来看已经满意了，按"确定"按钮退出。

单击选择a通道，专门来调整图像中的品色和绿色。在a通道中，白表示品色，黑表示绿色。

按Ctrl+M组合键打开曲线对话框来调图像的品色和绿色。在曲线上建立一个控制点，将这个点向上移动，图像变亮了，就是增加了品色，可以从Lab通道面板最上面的复合通道缩览图中看到品色增加后的效果。

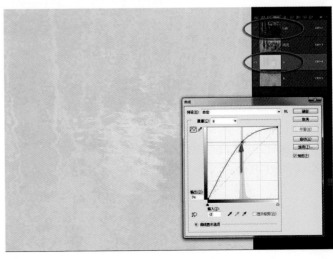

将这个控制点向下移动，曲线向下弯曲，图像变暗了，就是增加了绿色，可以在Lab通道面板最上面的复合通道缩览图中看到绿色增加后的效果。

由此看来，曲线上一个控制点的移动，要么增加品色，要么增加绿色。增加品色就会减少绿色，增加绿色就会减少品色。

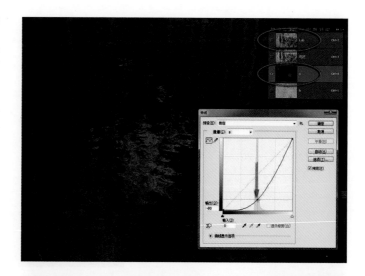

要想同时在图像中既增加品色也增加绿色，就要在曲线上建立两个控制点。

将右上方的控制点向上移动就增加了图像中的品色，将左下方的控制点向下移动就增加了图像中的绿色。S形曲线是分别增加了这个通道中的两种颜色，与图像的影调反差无关。而颜色加减的多少，与曲线的高低形状有关，与控制点的远近位置关系不是太大。

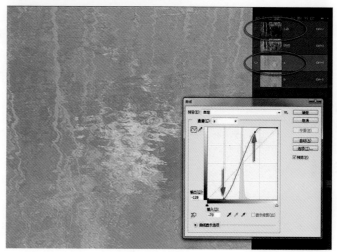

在通道面板中单击选择b通道，再来调整图像中的黄色和蓝色。

在曲线上建立一个控制点，将这个控制点向上移动，就在图像中增加了黄色。从通道面板最上面的Lab复合通道的缩览图中可以看到，图像开始明显偏黄。

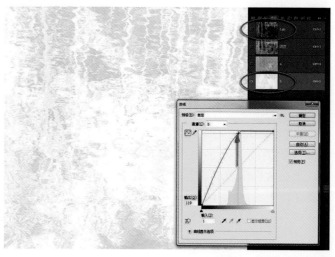

将这个控制点向下移动，就在图像中增加了蓝色。从通道面板最上面的Lab复合通道的缩览图中可以看到，图像开始明显偏蓝。

一个控制点的上下移动，要么增加黄色，要么增加蓝色。增加黄色就会减少蓝色，增加蓝色就会减少黄色。要想增减一种颜色而不影响另一种颜色，需要在曲线上增加控制点，保持一半的曲线不变形。

要想同时在图像中既增加黄色也增加蓝色，需要在曲线上建立两个控制点。

将右上方的控制点向上移动就增加了图像中的黄色，将左下方的控制点向下移动就增加了图像中的蓝色。要减少某种颜色，就是将相对应的曲线做反向调整。

单击通道面板最上面的Lab复合通道，打开Lab全部通道，可以看到调整后的图像了。

与原图相比，影调反差有了很好的改进。颜色确实有明显的变化，红、绿、蓝、黄各种颜色的饱和度有很大提高。也就是说，改变Lab通道的明暗就是控制图像的影调和色彩。

但是，现在这样在通道面板中调整的方法并不直观，无法同步直接观察调整的效果。原理明白了，咱们现在换一种更方便有效的方法。

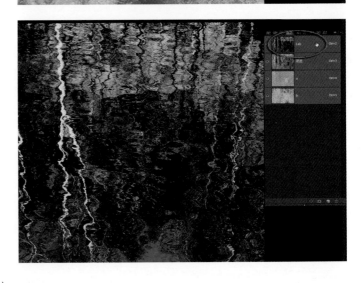

调整层处理

按F12键将当前图像恢复初始状态。选择"图像\模式\Lab颜色"命令，将图像从原来的RGB模式再次转换为Lab色彩模式。

按F7键打开图层面板。

在图层面板的最下面单击创建新的调整层图标，然后在弹出的菜单中选择曲线命令，可以看到图层面板中出现了一个新的曲线调整层。

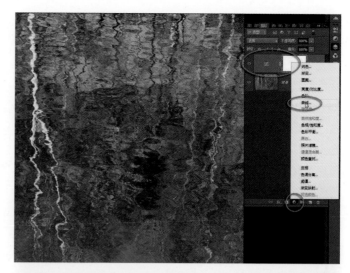

在弹出的曲线面板中，单击打开通道下拉框，可以看到刚才操作的明度、a、b三个通道都在这里。

使用调整层来做通道调整，就是为了调整的效果非常直观，易于控制调整的效果。

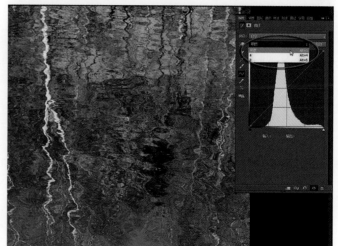

首先依旧选择明度通道。

依旧是在图像中建立两个控制点，将右上方的控制点适当提高，左下方的控制点下移到直方图左侧起点的位置。现在看到图像的反差影调大体满意了。

再次打开曲线面板上的通道下拉框，这次选择a通道。

与刚才调整明度通道的方法完全一样，首先在曲线上单击建立两个控制点，然后将右上方的控制点适当向上移动，以增加品色；左下方的控制点向下移动，以增加绿色。

控制点移动的位置影响到颜色增减的程度，而现在这样的调整，就可以同步直观地看到每一点细微的调整差异。

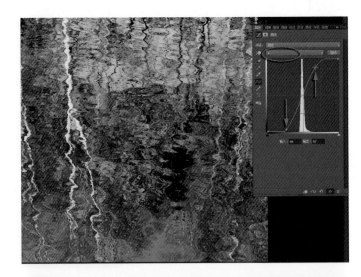

再次打开曲线面板上的通道下拉框，这次选择b通道。

与刚才调整a通道的方法完全一样，首先在曲线上单击建立两个控制点，然后将右上方的控制点适当向上移动，以增加黄色；左下方的控制点向下移动，以增加蓝色。

到底需要增减多少黄色和蓝色，在移动曲线控制点的时候，完全是看着图像中色彩变化的实际情况来操作的。

图像的影调和色彩要靠Lab三个通道综合平衡，一次调整很难完全达到满意。

需要反复打开曲线面板上的通道下拉框，选择所需的通道，对某些颜色做反复精细的调整，才能达到满意的效果。如图像中的红色是靠相应比例的品色与黄色搭配出来的，要得到满意的红色，可能需要反复调整a、b两个通道中右上方的控制点。

存储图像

　　我们平时常用的数码照片是JPG格式，它的适用面最广，便于传输，便于网络展示交流。但是JPG格式对图像的色彩模式有特定的要求，如果设置不对，Lab图像无法存储为JPG格式的图像文件。

　　首先，选择"图像\模式\"命令，将图像的位深设置为8位。

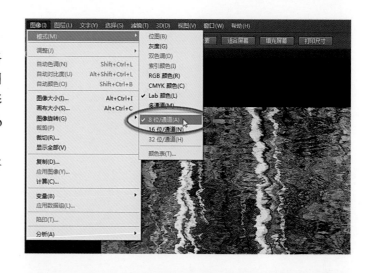

　　选择"编辑\转换为配置文件"命令做色域空间的设置。

　　在弹出的转换为配置文件对话框中将"目标文件"中的配置文件设置为JPG图像能够使用的"Adobe RGB(1998)"或者最普通的"sRGB"。

　　现在就可以将当前处理的图像文件另存为常用的JPG图像格式了。

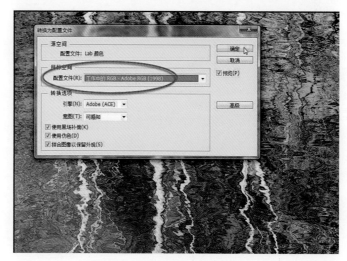

最终效果

　　经过这样的处理，我惊讶地发现，这水中秋色的倒影太美了！这就是我早年画油画的时候，那绚丽多彩的调色板的再现，一种创作的冲动感由心头升起。

　　使用Lab模式调整图像是四色，比RGB模式的三色要更细腻。在通道中做调整处理，比单独提高色彩饱和度的图像质量要好得多，噪点也少。这是Lab模式最显著的优点。

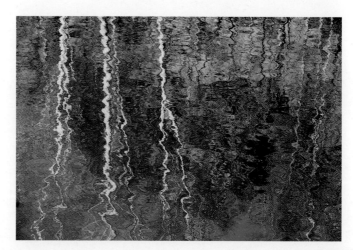

Lab模式明度通道的控制 22

在Lab色彩模式中，明度通道是专门用来控制图像的影调的。与RGB色彩模式不同的是，Lab色彩模式的明度通道调整不会影响到图像颜色的变化。用好Lab色彩模式的明度通道调整，可以做出一些意想不到的特殊效果来。

准备图像

打开随书赠送"学习资源"中的22.jpg文件。

冬末的一天早晨走进颐和园，这天当时是北京最严重的雾霾天。没拍几张片子就收拾机器回家了，回来看这张片子似乎有点可调的空间，于是拿出来试试看。

转换Lab模式

如此沉闷的影调，如果在RGB中做调整，可能会产生严重的噪点，所以想试试Lab模式。

选择"图像\模式\Lab颜色"命令，将当前图像转换为Lab色彩模式。在通道面板中可以看到Lab模式的各个通道了。

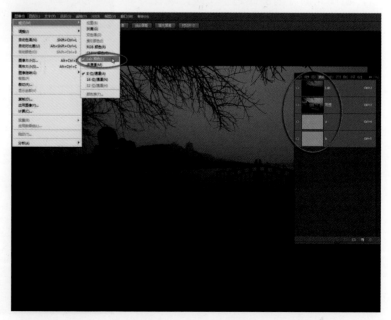

用调整层处理Lab通道

尽管要调整的是Lab模式的三个通道，但还是用调整层来做更方便直观，易于控制。

打开图层面板，在最下面的创建新的调整层图标上单击鼠标，然后在弹出的菜单中选择曲线命令，建立第一个新的调整层。

在弹出的曲线面板中，首先默认的就是明度通道。先来解决图像的影调问题。

选择直接调整工具，然后在图像中很暗的地面中选择合适的地方，按住鼠标向上移动，看到曲线向上抬起，图像变亮了。暗部层次显现出来了，但感觉天空部分又有点过亮了。在曲线上单击鼠标建立一个控制点，将曲线的高光部分适当向下压，让高光部分的曲线趋于平缓，现在看到图像中的亮调部分合适了。

打开曲线面板上的通道下拉框，单击选择a通道，专门来调整图像中的品色和绿色。

在直方图的两侧分别单击曲线，建立两个控制点，然后将右侧的控制点向上移动，为图像适当增加品色；左侧的控制点向下移动，为图像适当增加绿色。

再次打开曲线面板上的通道下拉框，单击选择b通道，专门来调整图像中的黄色和蓝色。

在直方图的两侧分别单击曲线，建立两个控制点，然后将右侧的控制点向上移动，为图像适当增加黄色；左侧的控制点向下移动，为图像适当增加蓝色。

如果作为现场纪实，图像调整到这个程度就可以完工了。

分别处理局部图像

感觉天空和地面的影调都缺少层次，需要分别处理天空和地面。

在图层面板的最下面单击建立新的调整层图标，然后在弹出的菜单中选择曲线命令，建立第二个曲线调整层。

在弹出的曲线面板中，默认的是明度通道。选择直接调整工具，在天空中按住鼠标向下移动，看到图像大幅度暗下来了，不管其他，只要天空的亮度满意了就行。

在通道面板中打开通道下拉框，单击选择b通道，再来调整图像中的黄色和蓝色。

在曲线上建立两个控制点，将右侧的控制点向下移动，左侧的控制点向上移动，看到曲线呈反S形。感觉这个颜色比较满意了。

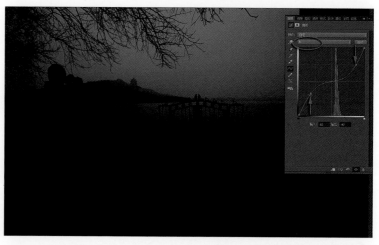

这个调整层是专门用来处理天空的，因此还要把其他部分恢复回来。

在工具箱中选渐变工具，设置前景色为黑，并在上面的选项栏中设置渐变色为前景色到透明，渐变方式为线性渐变。用渐变工具在图像中水面到天空的适当地方拉出渐变线，在图层面板中可以看到，在蒙版的遮挡下，刚调整的天空效果保留了，地面恢复了原来的状态。

现在感觉图像中地面的影调太暗，需要适当调亮。

在图层面板的最下面单击建立新的调整层图标，然后在弹出的菜单中选择曲线命令，建立第三个曲线调整层。

在弹出的曲线面板中，默认的是明度通道。选择直接调整工具，在图像中地面的稍亮地方按住鼠标向上移动，看到整个图像都亮起来，曲线向上拱起。在曲线控制点的右边单击鼠标建立一个新的控制点，稍向下压，让地面的影调符合需要。

这个调整层是专门用来处理地面影调的，还需要把其他地方恢复回来。

在工具箱中选渐变工具，设置前景色为黑，并在上面的选项栏中设置渐变色为前景色到透明，渐变方式为线性渐变。用渐变工具在图像中从水面到地面的适当地方拉出渐变线，在图层面板中可以看到，在蒙版的遮挡下，刚调整的地面效果保留了，其他地方恢复了原来的状态。

特殊效果处理

在图层面板的最下面单击创建新的调整层图标，然后在弹出的菜单中选择曲线命令，建立第四个新的曲线调整层。

在弹出的曲线面板中，仍然是默认的明度通道。将曲线调整为大幅度跳跃的形状，两个高点，两个低点，可以看到图像的影调发生了奇异的变化，控制点的每一点细微的变化，都会带来图像中影调的丰富变化。

注意：图像中只有影调发生跳跃性的变化，而色彩不变，这是Lab模式中处理明度通道的独特之处。

再次打开图层面板，可以看到一共有4个曲线调整层。分别单击上面3个调整层前面的眼睛图标，使用不同的曲线调整层和明度通道调整效果组合，可以产生各种不同的图像影调效果。图像甚至有一种胶片暗房的中途曝光效果。这已经不是常规的调整处理图像影调了，而是一种特殊艺术效果的试验。

对某个艺术效果满意了，可以存储为常用的JPG格式文件。

首先将当前编辑的图像文件存储为一个PSD文件，以便以后再次操作。

然后，选择"图像\模式\RGB颜色"命令，将图像转回JPG格式能够使用的RGB色彩模式，接着在弹出的对话框中选择"拼合"命令，所有图层被合并成背景层，现在可以存储所需的JPG格式了。

最终效果

　　经过这样一系列处理，原来的图像已经产生了翻天覆地的变化，而且能够组合不同的调整层，产生多种艺术效果。而这些变化多端的艺术效果，都是在Lab色彩模式中，调整明度通道产生的。调整明度通道，只改变图像的影调，不改变图像的色彩，这恰恰是Lab的独到之处。

有感《国家地理》的一组照片

今天，朋友推荐了一个摄影网页：

视觉漫游 《国家地理》每日一图9月合集 组图

网页的原文说：

这里是美国《国家地理》2013年9月的每日一图合集，这组人文风景大片，记录了来自地球不同角落的最美瞬间，摄影师恰到好处的瞬间捕捉将我们带进了精彩的万千世界。国家地理摄影师是嘈杂人世之外的一群行者，他们用心安静地记录，仔细聆听地球的声音，将地球最纯净的一面展示给我们。希望这组作品能带给你一种美的享受。

《国家地理》是美国国家地理学会的官方杂志，在国家地理学会1888年创办的九个月后即开始发行。现在已经成为世界上广为人知的一本杂志，杂志内容为关于社会、历史、世界各地的风土人情的高质量的文章。该刊成为来自世界各地的新闻摄影记者们梦想发布自己照片的地方。

一共是30张片子，非常震撼！

我非常崇拜第三张片子，因为我也在夏威夷海滩拍摄海浪，但是远没有这样的眼光。

欣赏这些片子，在啧啧赞叹之后，还应该仔细深入地思考一些东西。

就画面本身而言，考虑它的构图、用光，琢磨它的各项参数设置，审视它拍摄的视点角度，控制曝光的要点。

同时，也要思考这幅照片的后期处理，如何控制影调和色调。当前的效果会与现场有什么不同，那么前期和后期各要注意什么问题。

而在画面本身的技术性问题之外，更应该静下心来，思考摄影师的拍摄思路，他选取这个瞬间、这个角度、这个画面的心理、心境、心情。如果是我，当时会怎么选择画面？而为了拍到这个精彩的场景，摄影师采取了什么不同寻常的方法，这些方法我们下一次也可以去学习，去尝试。与其羡慕这些摄影师的运气，不如仿效这些摄影师的勇气，学习这些摄影师的才气。

这些作品给了我们很多，不仅是美的享受，不仅有技术上的提示，而且有深层次的审美观和文化内涵。

红外摄影转换色彩的Lab法 23

你玩红外摄影吗？如果你不拍红外照片，则这个实例可以跳过去不看。如果你玩红外摄影，那么这个实例你一定要看，而且要做、要掌握！

红外摄影是当今最新流行的一种摄影方式。玩红外摄影的朋友都知道，红外照片都要在后期处理中做色彩转换，通常的做法都是对红、蓝通道做对调转换。但是，从今天你看过这个实例之后，以后再不用做红、蓝通道转换了。我们用Lab模式来做，对色彩的控制更精准，更自由，更主动。

准备图像

打开随书赠送"学习资源"中的23.jpg文件，这是一张红外相机拍摄的红外数码照片。

拍过红外的朋友对这样的画面应该很熟悉，后期处理色彩通常是做红、蓝通道对调，在Photoshop中用"图像\调整\通道混合器"命令来做。但是转换的色彩效果往往不满意，而且很难控制。

转换Lab模式

现在我们用Lab模式来做。

选择"图像\模式\Lab颜色"命令，将图像从原来的RGB模式转换为Lab色彩模式。

在Lab模式中，L通道是专管影调的，a通道是管绿色和品色的，b通道是管蓝色和黄色的。

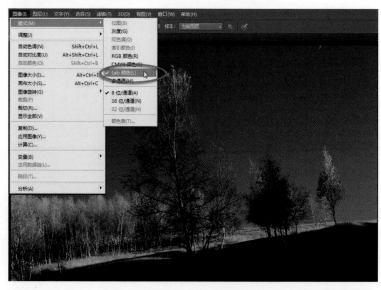

首先要调整好片子的整体影调。

在图层面板的最下面单击创建新的调整层图标，然后在弹出的菜单中选择色阶命令，建立一个新的色阶调整层。

在图层面板中可以看到，多了一个色阶调整层。

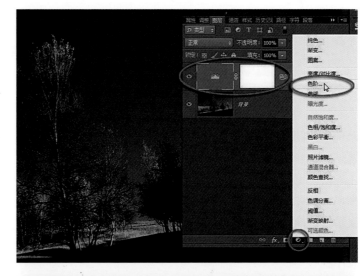

在弹出的色阶面板中，将黑白场滑标分别移动放置到直方图的左右两端，并适当移动中间的灰滑标，图像的影调看起来舒服了，色阶达到了全色阶状态。

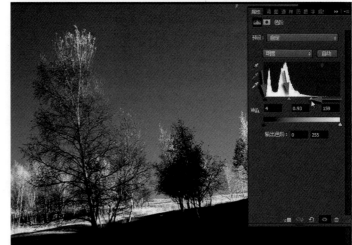

转换颜色

现在来转换颜色。

在图层面板的最下面单击创建新的调整层图标，然后在弹出的菜单中选择"色相/饱和度"命令，建立一个新的色相/饱和度调整层。

在弹出的色相/饱和度面板中，将色相滑标移动到最右端+180的位置，看到红外原本的颜色转换了。可以看到图像中原本的蓝青色转换成为黄色了。

感觉色彩饱和度不够。将饱和度滑标适当向右移动，看到基本效果出来了。

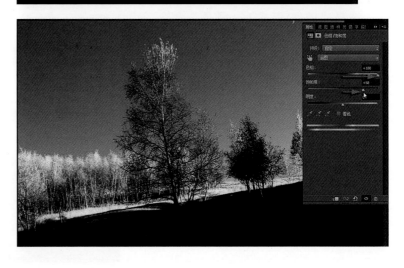

主动控制颜色效果

现在感觉转换的颜色效果还不够满意。过去在RGB模式中用红、蓝通道转换来做，很难进一步控制颜色，现在我们用Lab来继续调整颜色。

在图层面板的最下面单击创建新的调整层图标，然后在弹出的菜单中选择曲线命令，建立一个新的曲线调整层。

在弹出的曲线面板中，先打开通道下拉框，选择b通道。在这个b通道中，亮调为黄色，暗调为蓝色，曲线向上为增加黄色，向下为增加蓝色。

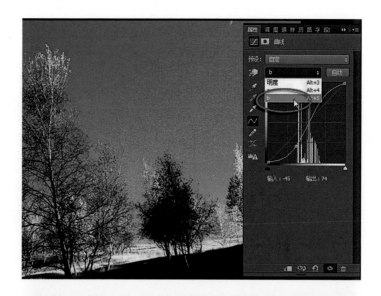

用鼠标将曲线沿着直方图右边缘向上抬起，看到图像中的黄色大大增加。

在曲线上直方图的左侧再单击鼠标建立第二个控制点，将这个控制点沿着直方图左边缘向下移动，可以看到图像中的蓝色大大增加，天空的蓝色变得很漂亮。

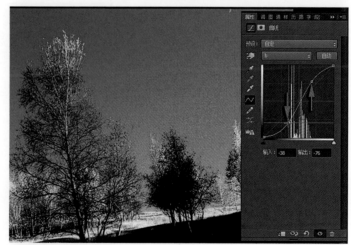

如果对现在转换的颜色效果还不满意，可以继续做调整。

打开颜色通道下拉框，选择a通道。在a通道中亮调为品色，暗调为绿色。先在直方图右边缘，曲线上单击鼠标建立一个控制点，然后将这个点稍向上移动，看到图像中增加了品色，所以植物的黄色呈红色了。

在曲线上直方图的左侧再单击鼠标建立第二个控制点，然后将这个控制点沿着直方图左边缘向下移动，直至看到天空的颜色满意。

调整局部影调

现在图像的色彩转换已经完成，但感觉片子的影调还不满意，需要继续调整图像的影调。

在图层面板的最下面单击创建新的调整层图标，然后在弹出的菜单中选择曲线命令，建立一个新的曲线调整层。

在弹出的曲线面板中选择直接调整工具，然后将鼠标放在图像中天空最上部，按住鼠标向下移动，看到曲线上产生相应的控制点也向下移动曲线，天空的影调满意了。

这里我们只需压暗天空，因此要将地面的影调恢复回来。

在工具箱中选择渐变工具，设置前景色为黑，并在最上面的选项栏中设置渐变色为从前景色到透明，渐变方式为线性渐变。

用鼠标在图像中从地面到天空由下到上拉出渐变线。在当前层的蒙版中可以看到，地面被遮挡，地面的影调恢复到以前的效果。

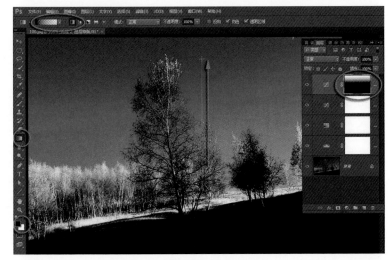

感觉图像右下角的地面影调太暗了，需要做局部提亮。

在图层面板的最下面单击创建新的调整层图标，然后在弹出的菜单中选择曲线命令，建立一个新的曲线调整层。

在弹出的曲线面板中选择直接调整工具，然后将鼠标放在图像中地面的暗部，按住鼠标向上移动，看到曲线上产生相应的控制点也向上抬起曲线，图像右下角地面的影调满意了。

图像整体都被提亮了，还需要将除了右下角地面之外的大部分图像影调恢复。

在工具箱中选择渐变工具，设置前景色为黑，并在最上面的选项栏中设置渐变色为从前景色到透明，渐变方式为线性渐变。

用鼠标在图像中从亮调的地面到暗调地面的边缘，按照地面的倾斜角度由上到下拉出渐变线。在当前层的蒙版中可以看到，图像上部被遮挡，影调恢复到以前的效果。

这里我们用了5个调整层。色阶调整层先把图像的整体影调调整为全色阶；色相/饱和度调整层对已经转换为Lab模式的图像做色彩基本转换；第一个曲线调整层通过a、b两个通道对转换后的色彩做精确控制调整；再用两个曲线调整层对图像局部影调做小范围的细致调整。

这里第1、2、3调整层是必须做的，第4、5调整层是根据图像的具体情况而做的。

到现在，图像色彩的转换就完成了，先存储一个PSD格式文件，以备以后再继续做调整处理。

准备存储输出图像。选择"图像\模式\RGB颜色"命令，将当前的Lab模式转回RGB模式，因为我们输出所需的JPG格式图像不认Lab色彩。

在弹出的转换色彩模式提示框中选择"拼合"命令，然后在图层面板上可以看到所有图层被拼合为一个背景层。

要点与提示

对红外照片进行颜色转换，过去传统的方法是对红、蓝通道做对换。

现在我们使用Lab模式，从色相\饱和度中先做颜色转换，然后在a和b两个颜色通道中对转换的颜色做精确调整。使用Lab模式转换红外照片的颜色，可以对各种不同白平衡设置的红外照片做效果相同的色彩转换，而且可以非常主动方便地控制转换的颜色效果，这是过去转换红、蓝通道做法达不到的。如果在Lab模式中继续调整红外照片，还可以产生出更丰富的色彩效果来，这将彻底改变原来传统转换的简单颜色效果，使红外照片更具有丰富的表现力。

从今天开始，丢弃红、蓝通道转换颜色的旧方法，使用Lab模式来转换红外照片的颜色，这就是新观念、新技术，你会由此重新认识红外摄影的。

点评片子就说两条

欣赏一幅照片时，总想说点感想，这就是点评照片。很多朋友常说，看到一张片子，觉得挺好，但又说不出来啥，或者不知道该怎么说。我想，点评片子最基本的就说两条：一个叫思想内容，一个叫艺术特色。

思想内容是指这张照片反映的是什么内容，想要表达什么情绪，是歌颂是批评，是褒是贬，是扬是弃，每张照片都是摄影师对眼前景物有所感悟而拍摄的，是摄影师情感的表达。不仅纪实新闻类照片有明确的是非观，就是风光、小品类照片也是表达了摄影人喜怒哀乐情感的，哪怕是一些抽象类的作品，也是摄影师思想的表达。只是有的照片表现得很直接，而有些照片表现得比较含蓄。对照片思想内容的点评不能上纲上线，不必拔高，我们只需说出自己心里的真实想法就很到位了。关键是要站在摄影师的角度，把点评的照片当成自己的作品，讲述片子想要表现什么内容，表达什么情感。当然，我们对照片思想的理解和表述，不一定与摄影师最初的想法一致，甚至有些我说的想法摄影师并不认可，他会说："我没有这么想。"这也没有关系，要么是理解上的误差，要么是"形象大于思维"吧。大家可以相互交流，只要言之有物、言之有理，你表述的观点能够得到多数人的认同，那就说明你点评得有道理。

艺术特色是指这张照片使用了什么艺术手法。这里包括软件和硬件两个方面，软件指的是照片画面的美感，包括画面的构图、用光、点线面的关系，主体与陪体的摆放，这些对照片的主题起到什么作用；包括画面使用的手法，比如衬托、对比，呼应、平衡等，这些手法在画面中如何辅助主题；包括影调的控制，是明是暗，是软是硬；包括色调倾向，是冷是暖，是强是弱；包括层次的表现，是细是粗，是多是少；亮调和暗调是如何安排的，冷色和暖色是如何使用的。另外就是艺术特色的硬件，摄影家使用了什么相机，什么镜头，什么曝光参数，光圈、速度组合对于景深和清晰范围的作用，焦段对于画面空间的拉伸或者压缩作用。

有了思想内容和艺术特色这两个方面，我们已经可以把一幅照片分析得有滋有味了。

除此之外，如果您认识这幅照片的摄影家，再能道出他拍摄这幅照片的经过，或者他拍摄的习惯、琐事、花絮，说明这幅照片的由来，那就是点评得很深入了。即便不认识这位摄影家，您也可以结合自己拍摄同类照片的经历，成功的抑或是失败的过程，对比这幅照片。如果您还能对这幅照片的拍摄提出自己中肯的建议，也是点评照片可以考虑的方面。

按照这样一个思路，自己先尝试着去点评一些自己觉得很有想法的片子。点评时不用面面俱到，只要把自己对片子的某个想法展开说透就行，慢慢地，看到片子就能说出个一二三来了。点评片子不仅是评说他人，而且对自己提高摄影水平也是很有好处的。

点评片子，不用怵头，最基本的就这两条：思想内容+艺术特色。

灰度通道对图像的控制 24

黑白照片是一种特定的摄影形式，将彩色照片转换为黑白照片，有很多种方式。从通道中获取黑白影调图像是传统的方法，即便是从通道中获取黑白影像也有各种不同的方法。这些不同的方法获得的黑白影像也都不一样，这个实例练习就是让我们明白这个事情。

准备图像

打开随书赠送"学习资源"中的24.jpg文件。

这是一张专门用来做色彩试验的照片，包括了红、绿、蓝、黄4种最典型的色彩。

我们要通过从通道中获取黑白影像，来观察这些颜色的变化。

RGB通道

数码照片都是RGB色彩模式。

打开通道面板，可以看到熟悉的红、绿、蓝三个颜色通道，最上面是RGB复合通道。

复合通道是三个颜色通道合成的效果，其实也是一个灰度影调通道。

按住Ctrl键，用鼠标单击RGB复合通道，载入复合通道的选区，看到蚂蚁线了。

回到图层面板，在最下面两次单击建立新图层图标，看到图层面板上产生了两个新图层。

指定最上面的图层为当前层。设定工具箱中前景色为白。蚂蚁线还在。按Alt+Delete组合键，在选区内填充前景色。

现在看不清已经填充的白色，就是关闭背景层图像也看不清，因为只有淡淡的一层白色。

按Ctrl+D组合键取消选区。

在图层面板上单击下面的层，指定第二个层为当前层。设定工具箱中背景色为黑。按Ctrl+Delete组合键，在当前层中填满黑色。

可以看到正常的黑白影调图像了。

由此可知，RGB彩色图像的通道中，最上面的复合通道就是一个灰度影调通道。

需要注意的是，原本色彩差异极大的红色和蓝色，转换成灰度后，几乎是一样的。这正是黑白摄影的难点和趣味点之一。

灰度通道

按F12键，图像恢复初始状态。

换一种方法来转换黑白。

选择"图像\模式\灰度"命令，在弹出的信息对话框中，提示是否真的要扔掉所有的彩色信息，单击"扔掉"按钮退出。

现在图像变成了黑白影像。打开通道面板，看到只有一个灰度通道。

这个黑白影像与刚才做的RGB载入复合通道制作的黑白图相比，影调明显要亮。

灰度模式的图像最大的特点是只有一个通道，因而文件存储占用的空间要节省得多。

Lab通道

按F12键让图像恢复初始状态。

选择"图像\模式\Lab颜色"命令，将图像转换为Lab模式。

打开通道面板，可以看到明度通道，还有a和b两个颜色通道。

而这个明度通道就是标准的黑白影像。观察这个黑白影像，可以看到比前面灰度模式产生的黑白影像的影调又要亮很多。而原片中的红绿是相似的灰，蓝是很暗的黑。

可以用鼠标将a和b两个颜色通道都拖到通道面板最下面的垃圾桶中，将这两个通道删除。

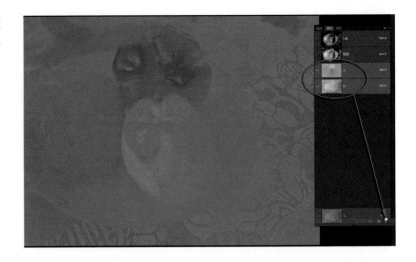

删除颜色通道后可以看到，原本最上面的Lab复合通道也没有了。当前的明度通道的名字也变了，成了一个Alpha 1专色通道。

这是因为删除了a和b颜色通道后，当前文件已经不是任何一种标准的色彩模式文件了。

现在如果想保存这个灰度图像，打开保存命令，可以发现没有我们常见的JPG、TIF等格式。因为当前的一个Alpha通道，不符合那些常用的图像格式的要求。

这时最好就是选择"图像\模式\灰度"命令，将这个单Alpha通道图像转换为标准的灰度图像，再做存储就没有问题了。

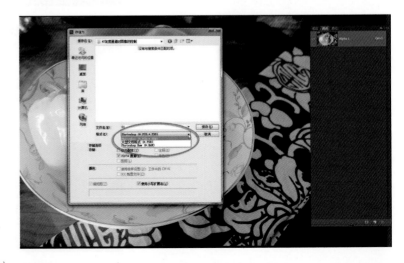

位图通道

选择"图像\模式"命令，如果要转换灰度图像，可以选择"灰度"命令。

现在看到最上面还有一个"位图"命令，选择这个"位图"命令，看看这里有什么。

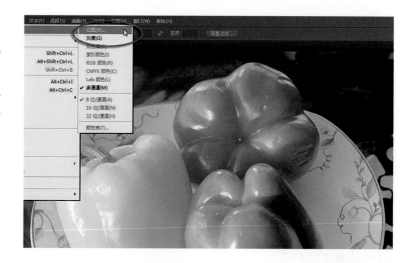

在弹出的位图对话框中，可以看到有很多的设置选择，太复杂了。这里我们就选默认，其他的等您有时间可以自己慢慢做试验。单击"确定"按钮退出。

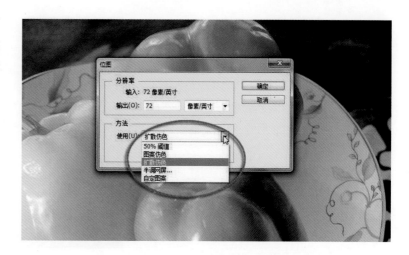

忽然发现这个黑白影调的图像发生了变化，出现了很多杂点，如同一种粗颗粒的艺术效果了。

这种效果也挺有意思的哦！

如果喜欢这种效果，想保存，还需要选择"图像\模式\灰度"命令，将这个图像转换为灰度图像来保存。因为位图模式也不能保存为JPG格式的图像。

可控转换黑白

按F12键将图像恢复初始状态。

前面做了好几种将彩色图像转换为黑白的方法，效果各不相同，但没有好坏之分，只是需要不同。

但是如果真的需要转换黑白，现在随着Photoshop软件的发展，已经很少再用通道转换法了。

在图层面板的最下面单击创建新的调整层图标，然后在弹出的菜单中选择黑白命令，建立一个黑白调整层。现在图像已经变为黑白，面板中有红、黄、绿、青、蓝、品（洋红）6个颜色调整滑标。

默认转换的黑白效果中，红、绿、蓝都是相似的灰，很难区分开。

适当提高红色和黄色参数，降低绿色和蓝色参数，可以看到红、绿、黄三色分成了明显不同的黑白灰影调。

而这种色彩转换黑白是可控的，降低红色参数，提高绿色参数，可以看到红绿颜色转换黑白的影调反过来了，现在红色比绿色的影调暗了。蓝色和青色也是随意可调的，变化也很吸引人。

别看原图中黄色最亮，想让它变成最暗也没问题。

由此可知，通道转换黑白影像尽管有很多方法，但都是被动的，都是由软件的算法固定完成的。而只有使用黑白命令来转换才是主动的。

最终效果

打开通道面板，当前图像还是RGB色彩模式。由于图像已经转换为灰度影像，因此在红、绿、蓝三个颜色通道中，影调都是完全一样的。如果想节省存储空间，现在可以将图像转换为灰度模式。

这个实例告诉我们，从通道转换黑白影调的灰度图像，可以有很多种方法，得到的最终效果各不相同。它们之间并无好坏是非之分，只是看您的需要。

船老大的沧桑 25

替换天空是很多摄影人希望在照片后期处理中做的事，只要天空的色彩比较单一，哪怕天空与前景的边缘很复杂，也不难从通道中提取天空的精确选区。替换天空的关键是为需要替换的天空建立一个精确的选区，而在诸多操作方法中，提取通道是最精准的了。

准备图像

打开随书赠送"学习资源"中的25.jpg文件。

乘坐一条小船出海，与船老大聊天，得知他已经60多岁了，在海上跑了一辈子。从他的话语中、眼神里，都能感觉到船老大饱经风雨沧桑的经历。征得他的同意，给他拍摄了这张照片，想表现一下他的风貌。但当时碧空万里没有一丝云彩，缺乏我感觉到的那种沧桑感。回来看照片，就想替换天空。

通道建立选区

要为需要替换的天空建立一个精确的选区。

打开通道面板，看到蓝色通道反差最大。用鼠标按住蓝色通道拖到通道面板最下面的创建新通道图标上，松开鼠标可以看到出现了一个蓝副本通道。我们就是要利用这个蓝副本通道来建立所需的选区。

在这个蓝副本通道中，按Ctrl+M组合键，打开曲线命令，然后在弹出的曲线对话框中首先选择白色吸管，单击图像中的天空部分，让天空基本为白色，再选择黑色吸管，单击图像中人物的衣服，让衣服等景物基本为黑色。

可以看到曲线发生了很大变化，黑点和白点分别向中间移动，图像中很大部分被简化为黑或者白。

单击"确定"按钮退出。

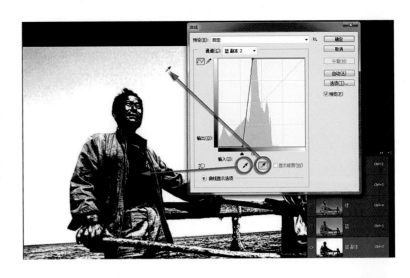

还需要对这个图像所表示的选区做进一步修饰。

在工具箱中选择画笔，然后在图像中单击鼠标右键，弹出画笔设置面板，设置合适的笔刷直径。由于天空与人物的边缘是很清晰的，因此设置了较高的羽化值参数，以使画笔的边缘比较硬。

在工具箱中设置前景色为白。

用白色画笔先将天空中不够白的地方都涂抹到，让天空完全成为白色。

在工具箱中将前景色设置为黑色，并调整设置稍小一点的画笔直径。

用黑色画笔涂抹图像中除了天空以外的其他部分，只要不是天空的地方，都涂抹成为黑色。

对于比较复杂的边缘，需要做精细的处理。

在工具箱中选择放大镜工具，将图像适当放大，这样可对需要处理的图像景物边缘看得更加清晰。然后再选择画笔工具，根据情况缩小画笔直径，接着用黑色画笔将天空与人物相交的边缘地方小心精细地涂抹出来。

完成全部涂抹，检查无误，在工具箱中用鼠标双击放大镜工具，图像以100%比例显示。如果处理的图像很大，则在工具箱中双击抓手工具，图像以最佳显示比例在桌面完整显示。

在通道面板的最下面单击载入选区图标，将当前通道作为选区载入，现在看到蚂蚁线了。

在通道面板的最上面单击RGB复合通道，看到彩色图像了，看到RGB三个单色通道都处于选中状态。

回到图层面板。

打开随书赠送"学习资源"中的素材图像文件25-1.jpg。这是一张在颐和园拍摄的云彩，可以用来做素材。

按Ctrl+A组合键，将图像全选。再按Ctrl+C组合键复制图像。

这个图像可以关闭了。

替换天空

回到原图像，注意，蚂蚁线还在。

选择"编辑\选择性粘贴\贴入"命令，将刚才复制的云彩素材图像粘贴到当前图像的选区之内。

可以看到当前图像选区内被云彩素材替换了。

由于当前图像的海平面比较低，而颐和园的地平线比较高，因此贴进来的素材图中能够看到颐和园的地面，这还需要继续修饰。

在图层面板上可以看到，当前层的素材图被刚才的选区作为蒙版遮挡掉了人物和海面。

当前处于蒙版操作状态。

在工具箱中选渐变工具，将前景色设置为黑，并在上面的选项栏中设置渐变颜色为前景色到透明，渐变方式为线性。

在图像中颐和园的地面到天空之间由下向上拉出渐变线，看到素材图像的地面部分被遮挡掉了。

如果感觉天空的云彩离海平面太远，可以对素材云彩做变形处理。

在图层面板上的当前层中单击前面的缩览图，退出蒙版操作状态，进入图像操作状态。

按Ctrl+T组合键，打开变形框，然后用鼠标按住变形框的边点，向外拉动变形框，可以看到云彩被变形向下靠近海平面。满意了，按"回车"键完成变形操作。

最终效果

完成替换天空后，云彩的气势大大提升了船老大的形象，更显现了主人公饱经沧桑、不惧风浪的气魄。

替换天空操作的关键是获取准确的天空选区，而从通道中得到所需的选区是最精确的了。

这个实例不仅讲述了如何替换天空，同时也说明了营造环境对于塑造主体形象的重要性。

云在山那边 26

为复杂边缘建立选区是图像处理中经常遇到的难题，虽然可以有很多种方法来做，但最精准的还是通道。通道中建立选区是基于图像的色彩和明度关系来做的，这远比路径法、魔棒法、相似颜色法要精准得多，而且在通道中建立的选区是可以用手工反复修整的。

准备图像

打开随书赠送"学习资源"中的26.jpg文件，这是在西岳华山拍摄的。

游人走在华山险峻的山道上，另一侧就是万丈悬崖。大家一边攀登，一边向远方眺望风景。其实当时的天气并不好，随手拍了这样一张片子。现在想尝试将天空替换掉，用有气势的云来营造一种更强烈的气氛。

在通道中建立选区

要为天空建立选区，使用魔棒很难将每一部分天空都选准，相似颜色法又难以将天空与人物的浅色衣服区分开，所以还是通道比较合适。

打开通道面板，选择一个反差最大的蓝色通道，然后将蓝色通道用鼠标拖曳到下面的复制新通道图标上，可以看到通道面板上建立了一个新的蓝色副本通道。

按Ctrl+M组合键，打开曲线对话框。在曲线对话框中选择黑色吸管，以确定图像中的黑场点。用黑色吸管在山石中较亮的地方单击鼠标，以这个点为界限，比这个点暗的像素都变成了黑色。在曲线上可以看到产生了相应的控制点，并且自动设置到了相应的位置。

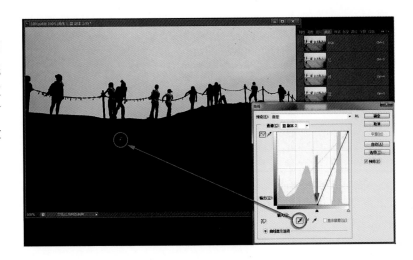

在曲线对话框中选择白色吸管，以确定图像中的白场点。用白色吸管在天空中较暗的地方单击鼠标，以这个点为界限，比这个点亮的像素都变成了白色。在曲线上可以看到产生了相应的控制点，并且自动设置到了相应的位置。

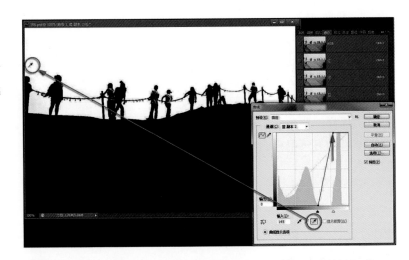

我们要为天空建立选区，不是天空的地方都是选区之外，都需要涂抹成黑色。

在工具箱中选画笔，将前景色设置为黑，并在上面的选项栏中设置合适的笔刷直径和硬度参数。

用黑色画笔将山崖上都涂抹为黑。人物的衣服也应该涂抹为黑，这需要缩小画笔直径，并设置较高的硬度参数，还要将图像放大，然后花较多的时间去一点一点地做精细涂抹。这是考验操作者耐心的事。在这个练习里，我们简化一点吧。

现在，天空与地面和人物能够区分开了。在通道面板的最下面单击"将通道作为选区载入"图标，这个通道中亮调部分就作为选区载入了，可以看到蚂蚁线了。

拼合图像

复杂选区已经有了，现在可以做拼合图像了。

在通道面板的最上面单击复合通道，可以看到复合通道和红、绿、蓝三个颜色通道都被选中了，同时图像也能看到彩色了。

按F7键打开图层面板，看到蚂蚁线还在。

建立复杂边缘的选区要在通道中做，而拼合图像要在图层中来做，这是两个不同的操作空间。

选择"文件\打开"命令，打开随书赠送"学习资源"中的26-1.jpg图像文件。

这是一张我在乘飞机时拍摄的天空云彩，当时感觉这个云彩很壮观，就当素材拍摄下来了。

按Ctrl+A组合键，将当前天空云彩色彩图像全选，再按Ctrl+C组合键将当前选区内的图像复制。

回到刚才的目标图像文件，看到蚂蚁线还在。

选择"编辑\选择性粘贴\贴入"命令，将刚刚复制的天空云彩素材图像粘贴到蚂蚁线选区之内。

在图层面板上可以看到这个粘贴操作产生了一个新图层，图层带有一个蒙版，里面就是刚才的蚂蚁线选区。在蒙版的遮挡下，云彩素材图被贴到了刚才的天空选区中。

如果对云彩的位置不满意，可以做适当的移动。因为这张云彩素材图比目标图要大。

在工具箱中选择移动工具，然后在图像中按住云彩移动到满意的位置。

调整图像影调

现在看这个图像，感觉地面的影调偏暗，需要做适当的调整。

在图层面板中先单击选择背景层为当前层，然后在图层面板的最下面单击建立新的调整层图标，在弹出的菜单中选择"曲线"命令，建立一个新的曲线调整层。这个层就建立在刚刚选择的背景层的上面，这样做是为了让这个调整层只调整下面的地面山崖图像，而不调整上面的天空图像。

在弹出的曲线面板中选择直接调整工具，然后在图像中按住山石上最亮的地方向上移动鼠标，看到山石亮起来了，接着按住山石中最暗的地方向下移动鼠标，看到山石中的暗调部分压下来了。曲线上产生了两个控制点，分别向上和向下移动，曲线呈S形，山崖的亮度和反差都满意了。

若对山石上某些地方不满意，可以继续做修饰。

在工具箱中选画笔，设置前景色为黑，并在最上面的选项栏中设置合适的笔刷直径和最低硬度参数，然后分别对树丛、锁链等使用不同大小的画笔做涂抹，丰富了树丛的层次，削减了锁链的边缘痕迹。

最终效果

  从通道中建立的复杂边缘选区，很精准地替换了天空，使片子的气氛立刻不一样了。云在山那边，片子立即提升了档次。

  我们这里所选的实例，是通道建立复杂选区中比较简单的，目的是帮助您明白道理，熟悉操作，以便将来举一反三。

从水中倒影发现的美

我们总说：摄影就要善于发现美。

于是很多人面对眼前的景物，使劲地琢磨，美在哪儿呢？如何构图才美？其实，很多时候，可以尝试去观察一些局部，一些微观的地方。有的时候需要只见森林不见树木，而有的时候又需要只见树木不见森林。

很多时候，可以尝试逆向思维，换一个角度，换一个方式去观察，往往能看到一些不同寻常的东西，一些很美的小景。

前日在长白山一个湖边，在一位朋友的指点下，学着去观察和思考水中的倒影，拍了一组片子。过去还真没有注意过这样观察景物，没有注意过水中倒影的调色板效果。过去好像只是把水中倒影当作映像来看了，而换一种观察方法，突然发现，这局部的景物竟然与我当年绘画的调色板像极了，那种感觉如同浪漫的涂抹。看似信笔涂鸦，确如点彩挥洒，真有灵犀，真有印象派的真情实意。

用几棵树在水中的倒影做画面的主体，当微风吹皱一池秋水，那树干的倒影在波浪中被打碎，被扭曲，形成的线条很随意，很放松，很流畅。把拍到的水中倒影再做一番后期处理，效果更突出了，跟我当年画油画时的调色板太像了。由此，也勾起了我很多美好的回忆。

说回来，还是要面对景物，静下心来慢慢观察，慢慢品味，把自己的心情融入进去，才能发现、提炼出有性格、有感情的画面美景来。

青春写在脸上——通道磨皮 27

　　磨皮是一种为人物肖像处理皮肤效果的操作，Photoshop没有专门的磨皮工具，通常是用外挂滤镜来做的，但安装外挂滤镜有诸多麻烦。其实用通道也可以实现磨皮操作，再加上调整层的控制，更能够把握磨皮的轻重程度，更好地保留皮肤的质感。

准备图像

　　打开随书赠送"学习资源"中的28.jpg文件。

　　少女的青春是美丽的，但美丽的青春往往伴随着一点烦人的"标点符号"。不必等待，今天就拍照，其他事情我们用通道磨皮来做。

在通道中制作选区

　　进入通道面板。

　　将蓝色通道用鼠标拖到下面的复制新通道图标上，复制成为一个蓝色副本通道。

我们就在蓝色副本通道上操作。

选择"滤镜\其他\高反差保留"命令，在弹出的对话框中，将半径参数设置为13左右，然后单击"确定"按钮退出。

高反差保留的目的是将图像中最亮和最暗的地方挑选出来，而将中间调部分全都忽略为灰，将来灰的部分是不做处理的。

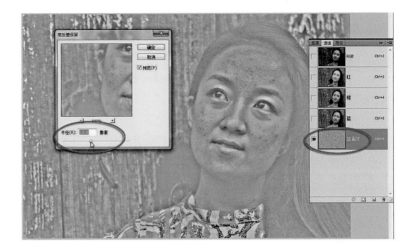

选择"调整\计算"命令。

在弹出的对话框中可以看到很多参数，主要是计算的两个来源和计算的具体方法。

打开"混合"下拉框，选择"亮光"混合模式，其他参数保持默认，然后单击"确定"按钮退出。

可以看到，经过这次计算后，产生了一个新的Alpha 1通道。

再次选择"调整\计算"命令，再做一遍计算。这次可以将源1中的通道下拉框打开，选择蓝副本通道，其他参数不变。

现在是用蓝副本通道与Alpha 1 通道做亮光的混合。

单击"确定"按钮退出。

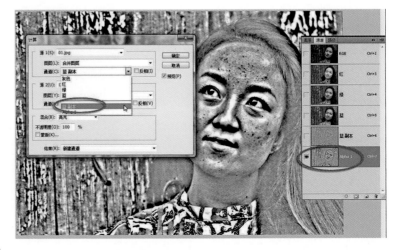

在通道面板中可以看到，第二次计算产生了一个新的Alpha 2通道。

计算操作完成了。

在通道面板的最下面单击载入选区图标，将当前Alpha 2通道的选区载入，看到蚂蚁线了。

选择"选择\反向"命令，将全部选区反选。

在通道面板的最上面单击RGB复合通道，看到彩色图像了。

调整皮肤效果

单击图层面板，回到图层，看到蚂蚁线还在。

在图层面板的最下面单击创建新的调整层图标，然后在弹出的菜单中选择曲线命令，建立一个新的曲线调整层。

在弹出的曲线面板中选择直接调整工具，然后在图像中人物的脸部按住鼠标向上移动，曲线上相应的控制点也向上移动了，看到脸部的皮肤变得平滑了。

注意调整幅度要适当，如果调整幅度过大，就会适得其反。

我们对脸部皮肤做了磨皮处理，但是五官不需要做磨皮处理。

在工具箱中选画笔工具，将前景色设置为黑色，并在上面的选项栏中设置合适的笔刷直径和最低的硬度参数，然后用黑画笔将五官的眼睛、眉毛、嘴都小心地涂抹出来，这些部位恢复了原有的清晰。

除了脸部之外，其他地方也是不需要做磨皮处理的。

将画笔的直径设置得更大一些，仍用黑色画笔把图像中除了脸部以外的所有地方都涂抹掉。

面部的细致修饰

现在看人物的脸部还有少许瑕疵，需要做进一步修饰。

按Ctrl+Alt+Shift+E组合键为当前调整状态做一个盖印，在图层面板上可以看到当前效果被盖印成为一个新的图层。

在工具箱中选修复画笔工具，并在上面的选项栏中设置合适的笔刷直径，然后在脸部选择一处很好的皮肤取样。

按住Alt键，在好皮肤处单击鼠标，完成取样。

将鼠标移动到需要修复的皮肤位置上，可以看到按住取样点即将修复的样子。按下鼠标，取样点的皮肤就与当前位置的皮肤融合，瑕疵消失。

这是一项细致的工作，需要反复取样，反复单击修复。注意，取样点应尽量靠近需要修复的部位。

背景影调修饰

人物脸部修饰完成了，整体看图像感觉背景偏亮，需要稍压暗背景。

在图层面板的最下面单击创建新的调整层图标，然后在弹出的菜单中选择曲线命令，建立一个新的曲线调整层。

在弹出的曲线面板中选择直接调整工具，然后在图像中背景处按住鼠标向下移动，看到图像完全暗下来了。

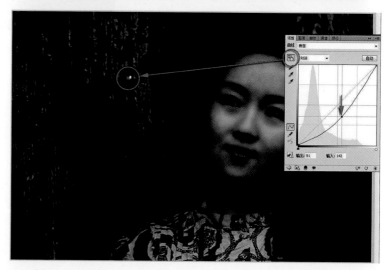

在工具箱中选画笔，设置前景色为黑，并在上面的选项栏中设置较大的笔刷直径和最低的硬度参数。

用黑色画笔将人物部分的大致区域进行涂抹，人物的影调恢复刚才的效果。

最终效果

经过刚才的一系列操作，少女的脸上完全恢复了青春的靓丽。

这个操作在通道中使用了滤镜高反差保留和计算命令，并反向载入选区，在调整层中使用了曲线命令，并通过蒙版控制操作的区域，最终用"创可贴"工具做细致修饰，并且用一个调整层压暗了背景。基本原理就是把脸部的特殊部分挑选出来，专门做影调处理。

　　在长城上等夕阳，看夕阳，拍夕阳，伴随着夕阳在远山慢慢落去，这是一个非常令人陶醉的过程。

　　夕阳衔山的那一刻，是一个非常安静的时刻，一个转瞬即逝的时刻，一个期盼凝结的时刻。

　　在这样的时空里，摄影人拍摄的不仅是眼见的景物，而更重要的是那种气氛。

　　赶紧找好拍摄机位，迅速做好相机参数设置，测光、合焦、构图，轻轻按下快门，完成第一张片子的拍摄。拍完后马上在相机上回放，检查影像，继续拍摄。

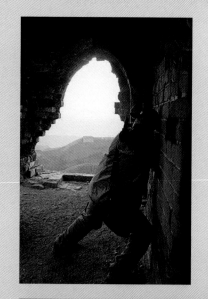

　　夕阳是耀眼的，天边是暖红的，高天是暗蓝的，远山是剪影的，近景的长城敌楼是立体的，向光的那面反射天光的暖调，而背光面是冷峻的暗影。

　　快门声是伴随着夕阳渐隐的过程自始至终不停的，前后大概就是那么三五分钟。

　　激动的心情随着夕阳完全落去而重归平静。

　　回来再看拍过的片子，天地明暗的反差非常大，而这是预料之中的。由于设置了RAW格式，所以对大反差场景的调整是心中有数的。

　　把高亮调的天空压暗，把暗影的层次提升，整个画面的层次得到极大的丰富，感觉画面中的景物更亲近了。

　　这就是我们对夕阳的欣赏，对夕阳的歌颂，对夕阳的陶醉。欣赏夕阳是需要夕阳那一刻的心境的。

与兵马俑面对面 28

在展厅里拍片子有一个普遍的问题，就是整体环境很暗，但局部光线很亮，尤其是窗口、照明灯的地方都会过曝。前期拍摄中，要考虑局部亮处可以稍过曝，但暗部不能太欠曝，这样在后期处理时才能把暗部层次做出来。但是提高暗部的亮度会使局部严重过曝，这时最好从通道中调用选区，以使用亮度蒙版来控制整体影调的非线性提亮程度。

准备图像

打开随书赠送"学习资源"中的29.jpg文件。

兵马俑是世界奇迹，参观者无分中外都啧啧称奇。在兵马俑的展厅中看到这个场景，感觉有典型瞬间的意义，抬手就按快门，拍了这张外国参观者与中国兵马俑面对面的画面。

测光是以远处天棚顶上的灯光为准，我已经使用了极限的ISO1600，F4.5，S1/30s，手持抓拍。此环境中不能用闪光灯，不能摆拍，因此我自认为前期能拍成这样就很不易了。其他的就靠后期了。

用曲线直接调整影调

先看常规的调整方法。

在图层面板的最下面单击创建新的调整层图标，然后在弹出的菜单中选择曲线命令，建立一个曲线调整层。

在弹出的曲线面板中选择直接调整工
具，然后在图像中选择一个比较暗的点，
按住鼠标向上移动，看到曲线上产生一个
相应的控制点也向上移动，曲线被抬起，
图像亮起来了。

现在感觉图像有点偏色，这是由于展
厅内的灯光色温的原因。

在曲线面板中选择灰色吸管，在图像
中判断地面应该是灰色的，于是在地面上
单击鼠标，看到曲线中红、绿、蓝三条颜色
曲线发生了变化，感觉色彩校正过来了。

注意看图像，感觉暗部层次还是欠
缺，于是在曲线控制点的左下方再次单击
鼠标，建立一个新的控制点，并将其适当
向上移动，可以看到图像中的暗部层次更
好地显现出来了。最后，将曲线右下角的
白场滑标向左移动到直方图的右侧起点。

曲线调整到此，就完成了。

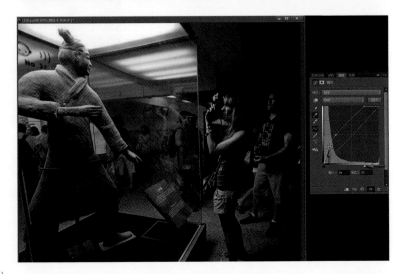

现在看图像，整体效果不错。但仔细看，还是觉得暗部层次不够丰富。如果继续提曲线，就会产生亮部过曝，暗部大量产生噪点的问题。而主要原因是没有使用蒙版控制调整不同的幅度。

我们换一种方法来做。

先在图层面板中将当前调整层前的眼睛图标点掉，关闭当前调整层，图像恢复初始状态。

载入通道选区

打开通道面板。

仔细观察红、绿、蓝三个颜色通道，感觉蓝色通道反差太弱；红色通道反差强，但噪点太多；绿色通道质量最好，反差稍弱。

就选绿色通道吧。选择绿色通道后，在通道面板的最下面单击载入选区图标，将绿色通道中的选区载入，看到蚂蚁线了。

在通道面板的最上面单击RGB复合通道，看到红、绿、蓝三个颜色通道同时都打开了，看到彩色图像了。

现在的选区是图像中的亮部，而我们要调整的是图像中的暗部。选择"选择\反向"命令，将选区反选。

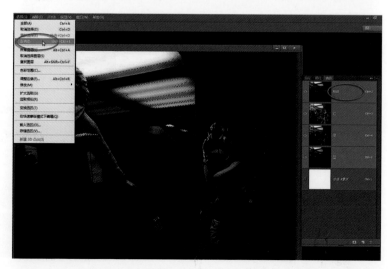

用亮度蒙版控制调整层

回到图层面板，看到蚂蚁线还在。

在图层面板的最下面单击创建新的调整层图标，然后在弹出的菜单中选择曲线命令，建立一个曲线调整层。

由于现在是带着蚂蚁线选区建立调整层，因此这个调整层中会产生一个亮度蒙版。

在弹出的曲线面板中选择直接调整工具，然后在图像中选择较暗的地方，按住鼠标向上移动，看到曲线上产生相应的控制点也向上移动，曲线被抬起，图像的影调亮起来了。

在曲线右下角，将白场滑标向左移动，放到直方图右侧起点的位置。图像的高光亮度确定了。

由于是按照绿色通道的选区调整亮度，因此图像会更偏黄。

在曲线面板上选择灰度吸管，然后在图像中的地面位置单击鼠标，以这个地方为灰，可以看到曲线面板中红、绿、蓝三条曲线发生了变化，蓝色增加，红和绿分别减少，图像的色调基本校正过来了。

如果在地面上多次单击，颜色会有所不同，这是因为单击的位置有差异，灰度的基准也有差异。原理还是中性灰，大原则对了，实际效果可以按自己的感觉而定。

填充蒙版

整体调整的大关系差不多了。

现在感觉蒙版控制的程度还不够强烈，也就是说蒙版的层次和反差偏弱。

需要再次强化蒙版。

在图层面板中单击当前调整层的蒙版图标，蒙版是双线框，确认这个蒙版被激活。

按住Ctrl键，用鼠标单击当前蒙版图标，将当前蒙版的选区载入，看到蚂蚁线了。

注意，现在载入的选区是蒙版的亮调部分，而我们要填充的是蒙版的暗调部分。因此，选择"选择\反向"命令，将当前选区再次反选。

现在的蚂蚁线与刚才不一样，选区反过来了。

设置工具箱中的前景色为黑，然后按Ctrl+Delete组合键，在选区内填充黑色，可以看到当前的蒙版比刚才重了，层次比刚才丰富了。而仔细观察图像，影调也有变化。

细致调整影调

观察图像的影调，并且在曲线上单击产生新的控制点，将暗部的控制点向上移动，将亮部的控制点向下移动。这样一来，暗部层次得到进一步丰富，而亮部层次控制不溢出。适当降低反差的同时，大大丰富了暗调部分的层次。

刚才是载入绿色通道调整的效果。也可以尝试载入其他通道来试验调整的效果，总体感觉差不多，放大之后可以看出细微差别。

总之，通道的层次细微程度，决定了蒙版的层次，由此影响到图像调整的控制程度。

最终效果

经过调整，照片中的中国古代兵马俑与今天的外国参观者拉开架势面对面，由此形成的相互观察、相互对话的幽默感觉，很有味道。

在这个实例中，从通道调取选区，形成蒙版，控制调整层对不同区域的调整程度，由此使图像的暗部层次得以大大丰富，而亮部没有过曝溢出。相对比一开始用曲线调整层不带蒙版控制，二者在暗部层次和亮调溢出的控制上，有明显的差异。还是亮度蒙版的控制更细腻，图像质量更好。

大眼睛的小妹妹 29

在影棚里为妹妹拍片，因为是图书中的插图，需要用白色背景，因此拍摄的背景颜色是固定的。拍摄完成后，再想把这个片子换一个任意彩色的背景，这就遇到了很多人较劲的"抠头发"的问题了。尽管我并不赞成在这种"抠头发"上下死功夫，但遇到这个具体问题，也不得不跟这个"抠头发"较一回劲了。

准备图像

打开随书赠送"学习资源"中的30.jpg文件。

妹妹的镜头感很好，拍摄进行得很顺利。回来之后，想为这张片子替换一个颜色背景。我觉得沿着头发的边缘加一个大概其的蒙版就行了，但是人家非要求把飘起的头发都抠出来。

通道建立精细选区

打开通道面板。

要把头发丝这样精细的选区都做出来，最好还是用通道。

选择反差最大的蓝色通道，用鼠标拖曳到通道面板最下面的创建新通道图标上，将当前通道复制成为一个蓝色副本通道。

按Ctrl+M组合键打开曲线对话框。

选择白色吸管，并单击图像中背景的白色位置，设置图像白场，接着选择黑色吸管，并单击图像中人物手臂上较暗的位置，设置图像黑场，可以看到曲线两端向内大幅度移动。

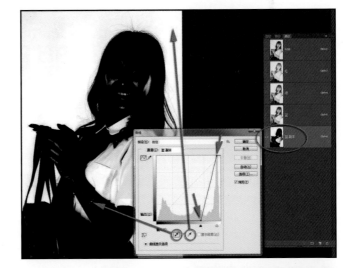

在曲线上单击鼠标，再建立两个新的控制点，并且将这两个点适当移动到直方图峰值贴近的地方，让曲线与直方图高光部分的峰值基本一致。

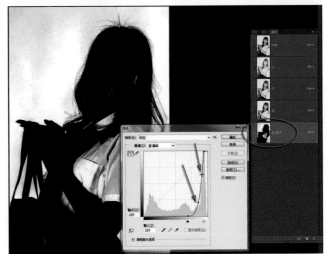

在工具箱中选画笔，设置前景色为白色，然后在图像中单击鼠标右键，在弹出的笔刷面板中设置所需的笔刷直径和很高的硬度参数。

用白色画笔将图像中的白色背景部分都涂抹成为真正的白色。

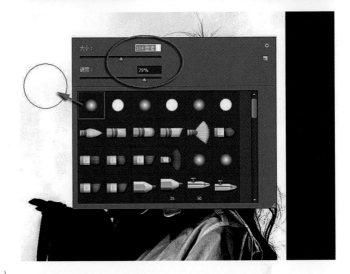

将前景色设为黑色，然后用黑色画笔将人物全部涂抹成为黑色，一定注意涂抹的边缘要非常精细。现在涂抹的主要是人物的中间部分，包括人物的脸部、衣服、手臂等。而人物飘散的头发不能再涂抹修饰了，因为没有这么细的笔刷。

经过精心的涂抹，现在人物与背景黑白分明了。

在通道面板的最下面单击载入选区图标，当前通道中的白色部分作为选区被载入，看到蚂蚁线了。

在通道面板的最上面单击RGB复合通道，回到最顶上，看到所有颜色通道都被打开了，看到彩色图像了。

替换彩色背景

回到图层面板，看到蚂蚁线还在。

在图层面板的最下面单击创建新的调整层图标，然后在弹出的菜单中选择渐变命令，建立一个渐变调整层。

在弹出的渐变填充对话框中，打开渐变颜色库，选择一个所需的渐变颜色。

还可以设置自己喜欢的渐变角度。如果选择"反向"点勾，则渐变颜色的方向调转180度。

如果对渐变颜色库里的现成的渐变色不满意，可以单击渐变颜色条，打开渐变颜色库，调整选择自己所需的任何渐变颜色。

若是满意了，单击"确定"按钮退出。

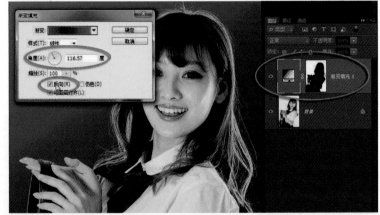

解决边缘头发的颜色

观察图像，发现人物的头发边缘为亮色，感觉不符合现实。

在图层面板的上边单击当前层的不透明度参数，将滑标向左移动，降低当前渐变颜色调整层的不透明度，看到颜色逐渐变淡。直到颜色到了很淡的程度，人物发亮的头发的视觉效果才感觉舒服了。

但是，总不能只能做成浅淡色的背景色，因此还要想办法将边缘头发调整到满意的影调。

先将当前渐变调整层的不透明度恢复为100%。

在图层面板上指定背景层为当前层，然后在图层面板的最下面单击创建新图层图标，在背景层的上面建立一个新的图层1。现在这是一个空的图层。

在工具箱中选吸管工具，用吸管在人物的头发上选择较深的地方单击，将深色头发颜色设置为前景色。

按Alt+Delete组合键，在当前层中填充前景色。

在图层面板中可以看到，新建的图层1中填充了刚才选设的头发颜色。

在上面的渐变调整层蒙版的遮挡下，当前层只显现人物的轮廓。

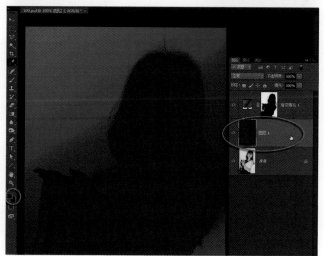

需要为当前层设置同样的蒙版。

应该从通道中调取蓝副本的选区，具体方法在其他实例中已经讲过。

这里再介绍一个简便的方法复制所需的蒙版。

按住Ctrl+Alt组合键，在Photoshop中就是复制某个元件。

按住Ctrl+Alt组合键，用鼠标按住渐变调整层的蒙版图标，拖曳到图层1，可以看到渐变调整层的蒙版被复制到了当前图层1中。在这个蒙版的遮挡下，人物又显现出来了。

然后来处理边缘发亮的头发。

在工具箱中选画笔，将前景色设置为白色，并在上面的选项栏中设置较小的笔刷直径和最低的硬度参数。

单击当前图层的蒙版图标，激活蒙版，确认进入蒙版操作状态。

用这个白色小画笔，小心地沿着发亮的头发边缘涂抹，注意不要过多涂抹到人物的里面去。可以看到在蒙版的遮挡下，亮边的头发暗下来了。实际就是用当前图层1的颜色将亮发都遮挡掉了。

随意替换背景色

如果对背景色不满意，可以随意替换。

在渐变填充调整层上双击前面的渐变色图标，重新打开渐变填充对话框，再次打开渐变颜色库，随意选择所需的渐变颜色。如果对渐变色的变化方式不满意，可以随意更改设置。若是满意了，就单击"确定"按钮退出。

如果想尝试比较多种背景色效果，那就再加一个色相/饱和度调整层。在图层面板的最下面单击创建新的调整层图标，然后在弹出的菜单中选择"色相/饱和度"命令，建立一个新的色相/饱和度调整层。

按住Ctrl+Alt组合键，用鼠标将下面图层的蒙版图标拖曳到当前层中，蒙版被复制过来了。

打开当前调整层的色相/饱和度调整面板，将饱和度滑标向右移动，提高色彩饱和度，让背景色更鲜艳。然后随意移动色相滑标，可以看到背景色按照色轮关系不断变化，可以随意替换成各种颜色。

要点与提示

在这个实例中，为了替换背景，从通道中建立选区，而这样的选区要控制好曲线的形状，完全可以获得最精细的选区。

为了得到满意的边缘头发颜色，又专门制作了一个填充层，也利用了通道中的选区。现在我们看到妹妹飘散开的头发丝，显得非常细致，效果非常真实。

这个实例中边缘头发的颜色问题困扰了我大半天，尝试了多种方法，最终得以解决。说实话，我不太赞成把"抠头发"作为衡量某人Photoshop水平的考题，大多数时候其实不必这么较劲。

日暮迟迟花满天 30

夕阳渐隐，暮色渐暗，春风渐息。我几乎是躺在水边这棵山桃树下，拍下这春花满天的醉人景色。美景绝不仅是用眼睛看的，一定要用心来体会。天空是深蓝的，夕阳是橙红的，清水是金黄的，那春花呢？我看到的春花是粉红色的，是很鲜亮的。但是，在这样的高反差光线中，天是亮的，花是暗的，满眼的春花远不是眼睛所见的鲜亮感觉。让春花跟着我的感觉亮起来，就是这个实例要解决的关键问题。

准备图像

打开随书赠送"学习资源"中的31.jpg文件。

就在这样的时光，拍出这样的片子，完全正常。但是拍这个画面不是为了纪实，而是被当时的场景的氛围感动了。

现在需要把春花挑选出来，初步尝试按明暗影调获取花和树枝，但效果并不好，远山分不开，花和树没有层次。还是考虑以颜色来调取花和树枝。

通道加减获得精细选区

打开通道面板。

首先考虑花是暖色的，通道红+绿=黄，可以尝试用红、绿两个通道获得花和树枝的选区。

先选择红色通道，然后在通道面板的最下面单击载入通道选区图标，当前通道的选区被载入，看到蚂蚁线了。

按Ctrl+Shift组合键，将鼠标放在绿色通道上，看到鼠标指针变成小手，右下角有一个带"+"的框。

按着Ctrl+Shift组合键的同时，在绿色通道上单击鼠标，这样就将所单击通道的选区也载入了。

可以看到蚂蚁线选区比刚才扩大了，现在的选区是红色通道加绿色通道后的选区。

在通道面板的最下面单击蒙版图标，将当前选区以蒙版灰度图方式存入一个新建的通道。

可以看到通道面板的红、绿、蓝单色通道的下面，产生了一个新的Alpha 1通道。这就是红+绿通道的效果。

把红、绿通道相加作为花和树枝的选区，还要减去蓝色通道的选区。

要减去蓝色通道的选区，有两种做法，一种是红、绿通道相加获得选区后，按住Ctrl+Alt组合键，再单击蓝色通道。这是从红、绿相加后的选区中直接减去蓝色通道选区。我试验后感觉效果还不够满意，于是又试验了第二种做法。

先将红、绿相加后获得的选区建立为新的Alpha 1通道，然后选择蓝色通道，在通道面板的最下面单击载入通道选区图标，将蓝色通道选区载入，现在看到蓝色通道的蚂蚁线了。

直接单击选择刚才建立的Alpha 1通道，然后在工具箱中设置前景色为黑，看到蚂蚁线还在。

按Alt+Delete组合键，将前景色填充到当前Alpha 1通道的选区中。这就相当于在当前的Alpha 1通道中减去了蓝色通道的选区。

这与前面讲的在红、绿通道相加后，减去蓝色通道的效果是一样的。

但是观察当前通道，感觉反差太弱。现在蚂蚁线还在。

再次按Alt+Delete组合键，第二次在当前通道的选区中填充黑色。现在观察当前通道的反差，感觉比较满意了。

这就是我们为什么用填充的方法来做通道减法的原因，因为直接减蓝通道我无法减两次。

获取精确选区

现在感觉当前Alpha 1通道的反差还应该再强烈一些，以便能更好地选取花和树枝，排除天空和一部分水面。但是我们如果做第三次填充黑色，效果似乎又过了。

于是按Ctrl+D组合键，取消选区，蚂蚁线没有了。

按Ctrl+M组合键，打开曲线对话框，看着直方图，先将白场滑标向左移动到直方图的右侧起点，然后在曲线上单击鼠标，建立两个控制点，分别向上、向下移动这两个控制点，让曲线呈S形，与直方图形状相仿，看到反差满意了，最后单击"确定"按钮退出。

现在这个花和树枝的选区已经很精准了。

在通道面板的最下面单击载入通道选区图标，将当前Alpha 1通道中的选区载入，看到蚂蚁线了。

在通道面板的最上面单击RGB复合通道。

注意，一定要单击在通道上，而不是单击通道左边的眼睛图标。不仅是看到彩色图像了，而且看到RGB复合通道和红、绿、蓝三个颜色通道都处于选中状态了。

现在可以回图层面板了。

精细调整所需颜色

打开图层面板，看到蚂蚁线还在。

在图层面板的最下面单击创建新的调整层图标，然后在弹出的菜单中选择曲线命令，建立一个曲线调整层。

我们还是通过曲线调整层来调整颜色通道，这样做很直观，易控制，好操作。

在弹出的曲线面板中，打开通道下拉框，选择红色通道。

在曲线面板上选择直接调整工具，然后将鼠标指针放到图像中桃花的地方，按住鼠标向上移动，可以看到曲线上产生了相应的控制点，也同时向上移动抬起了曲线。红色曲线向上抬，就在图像中增加了红色，可以看到图像中桃花、树枝、水面、夕阳附近的天空开始发红了。

根据直方图的形状判断，当前选区中暗调部分较多。于是在曲线靠左下角的地方单击鼠标，建立一个新的控制点，然后用鼠标将这个控制点直接向上稍移动，目的是在当前选区中的暗部增加红色。

现在看到载入选区的作用了，在当前层蒙版的遮挡下，画面中只有桃花、树枝、水面和夕阳附近的天空明显增加了红色，而其他地方不变。

在曲线面板中打开通道下拉框，选择绿色，然后用直接调整工具在图像中按住一处桃花向上移动鼠标指针，可以看到曲线上产生相应的控制点，也向上抬起了绿色曲线。

这个绿色似乎只需增加一点点，让画面的暖调子呈橙红色即可。绿色加多了，画面就会发黄了。

在曲线面板中打开通道下拉框，选择RGB复合通道，整体来调明暗调子。

用直接调整工具在图像中按住一般亮度的一处桃花，稍向上移动鼠标指针，可以看到曲线上产生了相应的控制点曲线且向上抬起，画面中的橙红色区域亮起来了。

还想在当前橙红色区域中减掉一点蓝色。

在曲线面板上打开通道下拉框，选择蓝色通道。用直接调整工具在图像中按住一处较暗的桃花，稍向下移动鼠标指针，可以看到曲线上产生了相应的控制点且曲线向下压，画面中的橙红色区域中减少了蓝色，而橙红色更纯了。

如果向上抬蓝色曲线呢？橙红色会逐渐偏什么颜色？其实就是RGB的三原色关系。

调整蓝天

还想再调整蓝天的效果。

在图层面板上单击当前调整层前面的眼睛图标，将当前层关闭，图像恢复初始状态。

要载入蓝天的选区，要从原始效果做。

再次打开通道面板，选择蓝色通道。

在通道面板的最下面单击载入通道选区图标，看到蚂蚁线了，蓝色通道的选区被载入。

再次单击最上面的RGB复合通道，回到最顶上，所有颜色通道都打开了，也看到彩色图像了。

回到图层面板。

在刚才建立的曲线调整层前面单击眼睛图标，重新打开橙红色效果的曲线调整层。

蚂蚁线还在。

在图层面板的最下面单击建立新的调整层图标，然后在弹出的菜单中选择曲线命令，建立第二个曲线调整层。

在弹出的曲线面板中，打开通道下拉框，选择蓝色通道。

按照直方图的形状在峰值的两侧各建立一个控制点，然后将这两个控制点分别向上、向下移动，让曲线略呈S形，让图像选区中的蓝色反差增大。

在曲线面板上打开通道下拉框，选择RGB复合通道。采用直接调整工具在图像中典型的蓝色处按住鼠标向下移动，可以看到曲线上产生了相应的控制点也向下压低曲线，图像中的蓝色暗下来了，更显桃花的鲜艳了。

最终效果

经过精细调整后，夕阳映照，桃花艳丽洒满天，拍摄时的那种陶醉的感觉完全表现出来了。好一个日暮迟迟花满天的浪漫时分，真是让人心旷神怡，憧憬无限。

这个实例中，通过通道加减法获得所需选区，效果非常好。这个思路和方法也不是我一看到这张片子马上就想出来的，而是经过反复思考，反复试验，反复对比，并在同类其他片子上重复试验，再归纳总结，将原来的六个调整层简化为两个，这样才总结出来的。这样便于大家学习和操作，让大家真正理解和掌握，以后能把这个技法运用到解决自己片子的实际问题中去。

摄影器材要量力而行

应邀为院老年大学摄影班讲课，其中一次课专门讲照相机和各种器材。我简单介绍了照相机的发展，数码相机的种类、型号和基本参数设置，镜头种类，以及其他辅助设备：滤镜、脚架、快门线、存储卡、读卡器、清理工具、摄影包等。

很多朋友说，听了这次课很兴奋，大家都被吊起胃口来了。

但是我在课堂上反复讲：摄影要量力而行。一个是体力要量力而行，一个是财力要量力而行。我们管痴迷摄影叫发烧，管痴迷器材叫烧器材，叫中毒。

买相机和各种辅助器材，一定要符合自己的能力。我不主张初学者一下子砸好几万，一下子配齐全套顶级单反。我极力主张学摄影要把主要精力放在拍片子上，手里有什么相机，就先用什么相机去拍片子。等自己能够自主地拍出一些片子了，就知道自己喜欢、适合拍什么样的题材，需要什么样的相机和相关的硬件器材。

我们摄影圈里，确实有一批器材硬件发烧友，我们叫"器材党"。他们对各种型号器材的各项参数如数家珍，愿意尝试各种不同型号器材的使用效果，把这个当作享受，即使受累也乐此不疲。但是"器材党"这事真的不适合初学摄影的朋友，也不适合我。我使用相机的原则就是：没有最好，够用就好。很多朋友向我咨询买什么样的相机，我都说：您先买一个小相机，拍一段时间就知道应该买什么配置的相机了。如果问我使用什么相机，告诉您：一台佳能大马三机身，一个16~35mm镜头，一个70~200mm镜头。没了。

我还是一再告诉初学摄影的朋友们，把精力放在拍片子上。

2008年摄影器材年展的时候，我只带了一只小数码，在尼康的体验台前，看到很多摄影爱好者在把玩各种型号的相机，于是我随手拍了三张片子。我只拍了这三张片子，回来琢磨，居然就编纂虚构出了一段幽默情节。我的本意，还是要告诉各位摄影爱好者，摄影要量力而行，器材要适合自我。

通道制作立体字 31

在Photoshop中用通道来制作立体特效字，这种技法可有年头了。早在20年前Photoshop 2.5版本的时候，软件还没有图层功能，网络还没普及，就开始有利用通道制作立体特效字的教程了。到如今，尽管各种专门制作立体特效字的附加软件有了很多，但在Photoshop中从通道制作立体特效字的技能我还在使用。

准备图像

打开随书赠送"学习资源"中的32.jpg文件。

其实用什么照片都行，因为我们只是用它来做背景。

在通道中制作立体字

打开通道面板，在最下面单击创建新通道图标，可以看到在原有的红、绿、蓝颜色通道的下面，产生了一个新的Alpha 1通道。

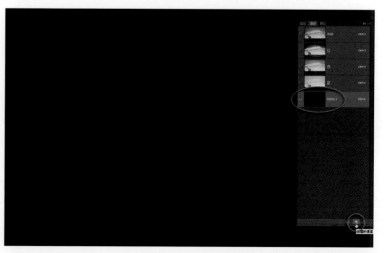

在工具箱中选文字工具，在最上面的选项栏中打开字体下拉框，选定黑体字，因为黑体笔画字相对粗壮，然后设置前景色为白，接着在最上面的选项栏中设置字号，根据需要直接输入所需的字号，最后在图像中单击鼠标，看到提示线闪烁时，输入所需的文字。

文字输入完成后，要在最上面的选项栏的最后面单击对钩图标"√"提交完成。

看到图像变成黑底白字，还带蚂蚁线。这时的文字已经不是文本状态，不能编辑。如果有错，或者不满意字体，只能取消选区，将当前通道填满黑色，再重新输入文字。

文字输入完成后，如果对文字的位置不满意，可以在工具箱中选移动工具，按住图像中的文字移动到合适位置。

按Ctrl+D组合键取消选区。

用鼠标按住当前的Alpha 1通道，拖曳到通道面板最下面的创建新通道图标上，将当前通道复制。

可以看到通道面板上产生了一个新的Alpha 1副本通道。

选择"滤镜\模糊\高斯模糊"命令，打开高斯模糊滤镜对话框，移动半径参数到合适位置。满意了，按"确定"按钮退出。

这个参数没有固定值，依据图像大小不同、字号不同，模糊的半径参数也不同。而且模糊的程度不同，后期立体效果也不同，并没有明确的好坏之分。

选择"滤镜\风格化\浮雕效果"命令，在弹出的浮雕效果对话框中首先设置角度参数为-45度，让浮雕的光照方向是从比较舒服的左上方来，接着适当设置高度和数量这两个参数。满意了，按"确定"按钮退出。

这里也没有一个固定值，因为图像大小、字体大小等都会影响浮雕的效果。参数太低，浮雕效果不明显；参数太高，反差就太大，后期处理效果不好。

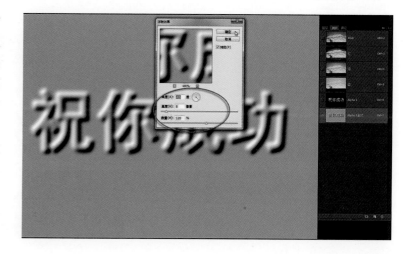

当前通道中的浮雕效果做好了，字体已经有很好的立体效果了。

现在要载入Alpha 1通道中这些字体的选区。当前通道是Alpha 1副本通道，按住Ctrl键，然后用鼠标单击Alpha 1通道，看到当前通道的立体字上有蚂蚁线了，上面通道的选区就被载入了。按Ctrl+C组合键拷贝选区内的图像。

在通道面板的最上面单击RGB复合通道，看到红、绿、蓝通道也都被激活了，看到彩色图像了。

制作光亮特效

回到图层面板，按Ctrl+V组合键，将刚拷贝的图像粘贴过来。

可以看到在通道里制作的灰度立体字粘贴过来了，当前图层的上面出现了一个新图层。

选择"图像\调整\曲线"命令，在弹出的曲线对话框中，在曲线上单击鼠标，建立四个新的控制点，将这些控制点上下移动，两相间隔，两个提高，两个降低，让曲线呈跳跃形。上面的三个控制点大致呈一条斜线，下面的三个控制点大致呈一条斜线。现在看到立体字呈现一种金属高亮反光的效果。满意了，按"确定"按钮退出曲线对话框。

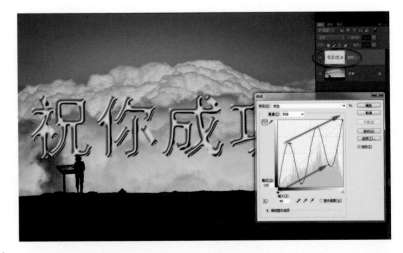

再来做金属字的颜色。

在图层面板的最下面单击创建新的调整层图标，在弹出的菜单中选择"色相/饱和度"命令。在弹出的色相/饱和度面板中，先选择"着色"命令，然后将色相参数设置到40左右，饱和度参数提高到满意程度，可以看到画面中呈现橙黄色。

回到图层面板。按住Alt键，将鼠标放在当前调整层与下面的图层之间，看到鼠标指针变成了向下拐弯的箭头，此时单击鼠标，看到上面的调整层向后退一格。调整层与下面的图层编组，调整层的效果只作用于下面相邻的一个图层，不再影响更下面的其他图层了。

在图层面板中单击立体字图层，指定立体字层为当前层。

在图层面板的最下面单击效果图标，在弹出的菜单中选择"投影"命令。在弹出的图层样式对话框中，先将投影选项的角度参数设置到左上方，让照射的光线从左上方来，与立体字的光照方向一致，再设置好投影的大小、虚实等参数。看到金属立体字的投影效果满意了，单击"确定"按钮退出。

如果觉得这个金属高反光效果还不够强烈，可以再次选择"图像\调整\曲线"命令，再为立体字做一遍曲线调整。再次在曲线上新建四个控制点，并将这些控制点上下移动，让曲线跳跃起来，可以看到金属立体字的高反光效果更强烈了。满意了，按"确定"按钮退出曲线对话框。

最终效果

这样的金属立体字效果很漂亮，相比很多专用的3D软件制作的效果并不差。

当然，这不属于处理数码照片的技术。只是因为专门讲通道技术，我才特地在本书的最后写了这个实例。通过这个实例，不仅让我们领略到了通道神奇的另一面，也可以帮我们用这样的方法为数码照片的平面设计提供一个很好的美化方式。

旅游摄影还是摄影旅游

大多数摄影爱好者通常把摄影与旅游结合在一起。跟随着美景走远方，一边拍片，一边旅游。现在这样的活动越来越多，出现了很多不同的形式：要么是参加各种摄影团，要么是结伴自助行；要么是目标明确单一，要么是行摄随意不定。这样的活动到底是旅游摄影，还是摄影旅游？我一直想把这二者区别开来，让更多的摄友明明白白潇洒行，高高兴兴去拍片。

近几年，我也参加了很多这样的行摄活动，有报名参加名人组织的摄影团，有受邀作为指导老师带摄影团，有跟随摄影达人游走行摄，有三五好友结伴去拍某个专题。有国内的天南海北，也有世界的五洲四海。三年里粗一算也有十几趟行摄，不算多也不算少的。

回过头来，一边整理行摄的片子，一边思考行摄的活动，希望能总结出一些条理清晰的内容，这样有利于日后行摄。

旅游摄影图的是轻松愉快，摄影旅游要的是能够出片。二者的组织形式不同，目的不同，参加者的心态也不同。

绝大多数旅游摄影都是旅行社为适应当前摄影热的社会现象而组织的，这是商业经营活动，所以主办方是不能做赔本生意的。旅行社发挥旅游资源优势，组织好吃住行，安排好摄影点。参加者不必操心行程，不用想拍什么，跟着走就是了。参加这样的摄影团特点是省心，特别适合去那些自己不熟悉的地方，当然，价格肯定比常规的旅游要贵。存在的问题是导游根本不懂摄影，到了景点说不出最佳拍摄位置。什么时间、到什么地方、拍什么东西都是已经预定好的。问题是那个时间、那个地方真能拍到你想要的那个东西吗？这就只能靠运气了。

另有一类摄影俱乐部自行组织的集体摄影活动，专为某个摄影专题而行摄。这样的活动不是商业活动，不以营利为目的，价格适中，可以专心摄影，并有专业摄影老师指导，尤其适合有一定摄影基础的摄影发烧友参加。这样的行摄活动，特点是摄影目的明确，摄影位置精确，不会找不到地方、拍不到东西。参加活动的少则十几人，多则甚至上百人。拍到了满意的景观，群情欢呼。没拍到预想的片子，相互安慰。

再有一种就是摄友自助行摄。多不过五六个人，少也有独行侠。一路行摄，只图拍到满意的好片子，吃住行都以摄影为目的。每天行程不定，走到哪儿感觉好就停下来拍摄，感觉不好掉头就走。也有拍不到好片不罢休，等不到好天就不走的情况。经常是走到哪儿吃住到哪儿，基本没有预定。这样行摄的特点就是真出片，但是真操心。吃住行没有具体计划，甚至为汽车加油提心吊胆。风餐露宿，日晒雨淋，酷暑严寒，换来的是自己满意的大片连连。吃尽苦头，受尽委屈也就心甘情愿、忽略不计了。这样的行摄通常是小范围的，志同道合的摄友，大家AA制，费用大多比参团要便宜。

近几年来，上述这三种行摄形式我都参加过多次。总体感觉，第一种旅行社组织的摄影团是旅游摄影，花钱换省心，别太指望出片子，就是那个地方我去过了，为以后自助行踩点探路。第二种集体行摄属于摄影旅游，能够结识更多摄友，开阔眼界，但难以满足个性化需求，大家拍的片子全都雷同，而且集体行动中时常发生矛盾。第三种是真正的摄影活动，很少有旅游的成分了。这是最开心的，最专心的，也是最费心的行摄活动。

从摄影的角度看，我还是更崇尚第三种自助行摄的活动方式，一个重要的原因就是能出片子。最近一年内，我和三两好友一起行摄，走过新疆南疆、晋陕大峡谷、锡林郭勒草原、烟墩角天鹅湖、雨岔大峡谷、阿尔山、张家界天子山、加拿大落基山脉等。每次出行少则两人，多则四人。

下面以最近一次我们四人行摄张家界天子山为例，来说说自助行摄的过程。

我们原计划去湖北恩施大峡谷和那个号称中国"仙本那"的躲避峡。

第一天从北京乘坐高铁到达湖北宜昌，落地租车，直接开到恩施大峡谷景区入住。

第二天早晨大雨，眼看山中浓云不开，当地人说这样的天气进山什么都看不见。于是我们临时商量掉头北上，在巴东过长江，经过昭君故里，穿越神农架，一路行摄到武当山入住。

第三天早晨上武当山，下午在山下路边吃饭，打听到恩施仍然是阴雨天。于是，我们商量决定南下张家界。下午3点开始赶路700多公里，从荆州跨过长江，晚上11点半到达天子山镇入住。

第四天一整天在天子山周围拍摄，赶上了非常壮观的满山乱云飞渡的景观。晚上就住在景区里的农家客栈。

第五天早晨5点，电话查问得知空中田园景点有云雾，于是驱车赶到空中田园拍摄，非常满意。再回到点将台等景点，但天气很不理想。又坐下来商量，决定再向南到矮寨拍著名的大桥和公路景观。傍晚到达矮寨，拍到了满意的云飞雾锁矮寨特大悬索桥的景观，晚上入住矮寨镇。

第六天早晨，再上山拍大桥和盘山路。打听到躲避峡和恩施的天气情况仍然不满意，索性彻底放弃。掉头回程，下午到达宜昌入住火车站附近。还车。晚上在长江边举杯邀明月。

第七天上午乘坐高铁回京，在火车上把需要交换的照片文件相互拷贝。傍晚顺利到家。

虽然没有拍到预定的恩施大峡谷和躲避峡，但是完成了我们都是第一次上武当山的心愿。在张家界天子山拍到了很不错的水墨山水画效果的好片子，比过去到张家界拍的片子好得多。我们也都是第一次见识矮寨的大桥和险路。整个行程紧张、充实。在当地租车也比从北京千里迢迢开车走要方便、省力。7天行摄AA制，每人4300元，真比参团要划算多了。

还有一次是1月份的时候，我们三人去阿尔山拍冰雪，当时天气严寒，零下38摄氏度，但重要的是冬天的阿尔山游人极少，雪景壮美。从北京双飞往返，5天吃住行，AA制每人2800元。哪找这美事儿、美景儿去。

现在真觉得自助行摄是最佳的方式。第一，根据摄影的目的，可以随时变更行程。看到哪里好就奔哪里去，感觉好就停下来拍，感觉不好掉头就走。第二，根据摄影的要求，合理安排吃住。没有预定吃住，不必顾虑时间，摄影拍得尽兴，吃住自然就尽兴。第三，根据摄影的团队，发挥个人特长。团队里有人擅长做功课安排行程，有人擅长订餐点菜，有人擅长计费算账，有人擅长驾驶越野，有人擅长聊天解闷。我们实在懒得一笔一笔算账，就每人每次掏1千元，放在一个口袋里花，专人负责掏钱付账，不记账了，花光了再来。小团队都是很熟悉的摄友，相互了解信任，脾气性格相合，兴趣爱好相符，价值取向相当。一般来说，这样的行摄活动时间，以一周到10天为宜，太短了不尽兴，成本高；太长了，个人容易疲劳，家里家外牵挂多，而且团队可能会发生分歧。

回到这个题目上来，到底是旅游摄影，还是摄影旅游？大概每个人的想法是不同的，不必统一要求。偏重旅游的就参团，愿意交友的就报名专题行摄，只想安静拍片的就自助行。而对于我来说，摄影出片子是第一位的，而且要行得安全，拍得开心。我对于吃住要求不高，所以我参加这样的活动，从来是专心拍片，不操心吃住行的。我现在更多的是参加自助行摄，这样的行摄活动最出片、最开心、最带劲。